认同与重构

——莫斯科俯首山胜利纪念碑综合体

蒋进军　著

中国建筑工业出版社

图书在版编目（CIP）数据

认同与重构——莫斯科俯首山胜利纪念碑综合体 / 蒋进军著 .— 北京：中国建筑工业出版社，2018.12

ISBN 978-7-112-22956-7

Ⅰ . ①认… Ⅱ . ①蒋… Ⅲ . ①纪念碑—建筑艺术—研究—莫斯科 Ⅳ . ① TU251.4

中国版本图书馆 CIP 数据核字（2018）第 264403 号

本书是对苏俄转型解体期间展开的纪念碑综合体个案研究。莫斯科俯首山胜利纪念碑综合体的设计建造持续了近 50 年（1943 ~ 1995 年）。20 世纪 80 年代中期正式启动了建造工程，此时恰逢苏联转型时期，胜利纪念碑的设计建造在苏联改革的时代背景下发生了一系列不可预见的改变。本书试图分析还原这一史实，其中重点研究了 1985 ~ 1995 年这 10 年间设计建造的改变过程。另外本书从纪念艺术的角度对胜利纪念碑的艺术风格、技术特点等进行了总结，剖析了俄罗斯纪念艺术与传统文化之间的内在关联。

全书可供广大环境艺术师、景观设计师、建筑师、城市管理人员以及高等院校风景园林与环境艺术专业师生学习参考。

责任编辑：吴宇江　率　琦
责任校对：王宇枢

认同与重构
——莫斯科俯首山胜利纪念碑综合体
蒋进军　著
*
中国建筑工业出版社出版、发行（北京海淀三里河路 9 号）
各地新华书店、建筑书店经销
北京点击世代文化传媒有限公司制版
北京建筑工业印刷厂印刷
*
开本：787 × 960 毫米　1/16　印张：17¼　字数：255 千字
2019 年 1 月第一版　2020 年 6 月第二次印刷
定价：75.00 元
ISBN 978-7-112-22956-7
（33052）

序《《《

大型纪念碑综合体，如同大型建筑一般，有较漫长的建造过程，期间会发生许多变动。从动议开始，到各种方案的提出，其辩论、筛选、修改，随着时代、社会的变迁而发生不断变动。它多半不是个人，甚或一代人的作品。与其现状相比，隐藏在背后的鲜为人知的故事，往往更为感人，更有学术价值。它一般占有较大公共空间，有明确的功用和要求，在空间的设计和利用上，强调整体规划和综合开发。建造实施经费，一般是来自政府专项资金，用于投资实施纪念性、公益性综合项目。大型纪念碑综合体在尺度规模、空间处理以及影响力等方面均超出一般公共艺术作品。世界上许多国家都建有大型纪念碑综合体，其纪念性特质多注重强调崇高、永恒的意义，因此和一般公共艺术有本质区别。

苏俄有建造大型纪念碑综合体的历史传统，这可能是由于广袤的地理空间与俄罗斯民族追忆伟大历史事件的强烈愿望。长期的实践积累了丰富的纪念碑建造经验，也形成了苏俄纪念碑艺术语言上特有的时空观与价值观。苏俄大型纪念碑综合体因其包含艺术种类多、社会影响大、综合性强等特点，在世界和本国美术中占有很重要的地位。如今这些纪念综合体艺术越来越引起人们的关注，对它们的研究涉猎面很宽，包括美术学、社会学、民族学与宗教学等多门学科的交叉融汇。

苏联时期纪念碑的设计和建造曾对我国，特别是中华人民共和国成立以来的城市雕塑和纪念碑建设影响很大。我国也曾经译介过许多苏联时期的纪念碑及相关著作，给新中国的城市建设提供了很好的借鉴。

苏俄纪念碑传统可以追溯到 18 世纪彼得大帝建立庞大的俄罗斯帝国时期，当时彼得大帝邀请了意大利、法国等国的建筑师和雕塑家来到俄罗斯进行城市规划与纪念碑建造。纪念碑艺术已经在俄罗斯有着近 300 年的理论与实践经验，尤其是到了 20 世纪，由于政府的积极提倡，纪念碑艺术在各方面均取得了跨越式的发展。扎根于俄罗斯大地的纪念碑艺术对时空的特有体认，对大自然环境的认识与尊重，对材料与雕塑工程的创新实践，包括纪念艺术的教育功用等方面，都有深厚的理论和实践的基础。这在苏联时期建造的几个大型纪念碑综合体上能够清楚地反映出来。

大型纪念碑综合体是公共空间中多种艺术形式的结合，发轫于20世纪40年代，相比单体纪念碑，综合体要求更广阔的空间，强调建筑与雕塑艺术和其他装饰艺术及多媒体的有机结合。苏联时期的纪念碑综合体凝聚了几代艺术家的心血，为此他们付出了艰辛的努力。当时的著名雕塑家都是和纪念碑建造的成就密切相关的。纪念碑的成功给艺术家带来了最高的国家荣誉，赢得了社会的普遍尊敬。

大型纪念碑艺术除了占据较大的公共空间以外，还在纪念的内容上有着明确的精神诉求。苏联时期的大型纪念碑综合体在内容上强调叙事性和艺术性，带有比较强烈的意识形态色彩。纪念碑设计建造一般采用公开竞赛和委托相结合的操作机制，政府决策，精英负责设计实施，一般不涉及大众与媒体等的社会干预，不会引起舆论界对纪念碑的广泛争议。

20世纪80年代以来，尤其是进入80年代后期，东欧剧变、全球化进程加剧，苏俄社会也进入急剧转型期。社会转型给大型纪念碑的实施带来了巨大的挑战和不可预见的变化。特定的社会转型给研究大型纪念碑艺术的运作机制及其变革提供了一个很好的机会。公共空间中艺术与社会转型和变迁的关系、舆论的介入和民主干预等，都为我们研究大型艺术提供了思路与视角。

莫斯科俯首山胜利纪念碑综合体项目创意最早始于第二次世界大战期间，经过20世纪五六十年代的竞赛选评，到20世纪70年代末期和80年代初，苏联政府才基本确定了设计方案。1985年戈尔巴乔夫上台前，建造工程已开始启动。由于20世纪80年代后期苏联国内的情况发生了变化，纪念碑综合体设计建造遭遇了来自社会各界的巨大压力，纪念碑建造工程因此而一度停工。苏联解体后，俄罗斯又重新启动了设计建造工程，并对纪念碑主碑重新进行了全新的设计。最终在叶利钦时代，1995 年第二次世界大战胜利 50 周年之际，纪念碑综合体宣告正式落成并对外开放。

胜利纪念碑综合体与以往建造的纪念碑综合体最大的不同就是，在其建造期间发生了苏联解体和回归俄罗斯的社会变革，剧烈的社会转型给纪念碑带来了一系列完全无法预见的改变。纪念碑的改变真实地反映了当时社会中存在的尖锐的社会问题。通过对比纪念碑设计前后的变化和对改变后形象的解读，我们能够对苏俄社会有更深入的认识，对公共空间中的大型艺术有更深刻的理解。

莫斯科胜利纪念碑综合体与其他大大小小的城市雕塑和纪念碑雕塑，包括俄罗斯海军 300 周年彼得大帝纪念像、救世主大教堂的恢复重建等，共同构筑了苏联解体后俄罗斯的新形象，成为当代俄罗斯的象征。如今这里不但每年吸引国内外众多游客、情侣和新婚夫妇，而且还是进行青少年素质教育的良好基地。每年的胜利日和其他重要的国家节日，在这里举行大型聚会、表演，俄罗斯通过胜利纪念碑把国家的历史与现实连接起来，不断强化民族的自豪与认同感，相信这对转型的俄罗斯具有非常重要的现实意义。

本书作者蒋进军博士曾留学苏俄 7 年，在圣彼得堡美术学院学习雕塑，目睹了苏联的解体，感受尤深。选择俯首山胜利纪念碑综合体这个研究课题，他无疑是不二人选。这部研究专著的基础是他的博士论文。早在考入上海大学美术学院博士研究生之前，他对此课题已有一定研究，因此他入学的目标非常明确。从最后确定选题到完成耗时四年半，期间两次赴俄罗斯实地考察，收集了大量文献资料。此专著针对莫斯科俯首山胜利纪念碑的历史进行研究，从第二次世界大战期间纪念碑方案的酝酿到苏联时期各种方案的提出以及苏联解体后的变化，时间跨度较大，视野颇为宽广，涉及复杂的社会历史变迁，关注在公共空间中大型艺术作品形成过程中相关的运作机制。其重点在于针对各时期的方案、图纸以及前后变化背后的社会问题进行深入探讨。这个课题目前在俄罗斯尚没人去做，也许是还没有从历史的伤痛中清醒过来，而对我国学界来说，对苏联解体前后的艺术，尤其是公共艺术的研究是很有学术价值和借鉴意义的。

潘耀昌

2017 年 11 月 10 日

目 录

第一章　社会转型与纪念艺术

第一节　社会转型中的记忆与纪念

一、社会变迁与转型理论

什么是社会变迁？简单来说，生活在社会中的每一个人，每天都能感受到快节奏社会生活的变化，但可能没有注意到整体社会发生的变化。日常生活变化积累时间长了，就会形成一段时间内社会生活的整体变化，相应地还会推动整体社会、制度与结构的变化，这就是社会变迁。其实社会变迁发生在我们社会生活的每一天，只不过人们在具体的生活中很难捕捉到这一抽象概念的存在而已，"社会变迁"这一社会学概念，是相对于社会变化的一段时间、一段时期而言的概念。

汉斯·格兹和怀特·米尔斯（Hans Gerth & C.Wright Mills，1953 ： 398）："我们用社会变迁来指一段时间内，角色、制度或组成一个社会结构的秩序的出现、发展和衰落方面所发生的任何事情"，而约翰·马西奥尼斯（John J.Macionis，2002：638）则将其简单总结为"文化和社会制度随时间变化而发生的转型"。[①]

除了社会变迁，还有社会转型。社会转型和社会变迁所指意义与范畴相近，但是更强调社会变迁中社会制度与结构、文化生活发生转换的特定时期，着眼于这一时期变化的不稳定特征。

20 世纪 90 年代发生在苏联的政治巨变，导致了一个世界超级大国一夜间的崩溃。现在的俄罗斯从宏观上来看正处于社

① （美）史蒂文·瓦戈．社会变迁 [M]. 王晓黎等译．北京：北京大学出版社，2007.

会剧烈变迁、整体社会转型的时期。发生在俄罗斯大地上的社会变迁与转型，标志着冷战的结束，连同东欧国家体制的转变、东西欧边界的瓦解，促进了全球化的发展。从宏观上来看对20世纪90年代以来世界格局的转变起到了关键的作用。从社会学的视角来看，20世纪90年代以来的西方社会转型理论主要有3条轴线可循："最明显的轴线是马克思主义及其批判者（像批评马克思主义的决定论和经济简化论的韦伯）之间；这一进程的另一端，则是强调在全能的斯大林主义和新斯大林主义国家的废墟上进行民主化建设和发展调节性制度的需要，重新培育曾被国家极力破坏和瓦解的市民社会，在这里，托克维尔关于美国民主中市民社会模式的理论，具有重要意义（Wellmer，1993）；第三个轴线可能是在斯宾塞和涂尔干之间，或者用他们更加现代的形式来说，是在新自由主义经济及政治理论家哈耶克和共产主义的宣传者之间。"①

我们在此并不讨论社会转型的线索与社会学意义上的理论，我们关注的是社会转型与纪念、记忆的关系，通过纪念碑表达转型社会下国家意识形态的记忆如何被民族与宗教象征所取代，同时在纪念碑的属性中这种转型与替代所遗留的历史轨迹，这样的"痕迹"携带了社会转型的"遗传密码"，是纪念碑研究、艺术社会学研究，乃至社会学研究的重要史料。

社会的剧烈转型意味着社会动荡，不确定性与多义性。发生在20世纪80-90年代的苏俄社会的解体悲剧已经清楚地显示了这些特征。关于苏俄社会转型期间的不确定性与模糊性，学术界"俄罗斯和西方的学者都就俄罗斯的最近历史给出了多种定义，这也同样说明转型的模糊性，包括：'未完成的革命'、'狭隘的民主'、'控制式民主'来形容脱离苏联共产党的政治转型。"②这样不确定性的特质反映在社会生活进程中，呈现出的是一幅波澜壮阔的全

① （英）威廉·乌斯怀特，拉里·雷．大转型的社会理论[M]．吕鹏等译．北京：北京大学出版社，2011.

② 尼古拉·梁赞诺夫斯基，马克·斯坦伯格．俄罗斯史[M]．上海：上海人民出版社，2009.

息场景。

所有这些发生的原因均与社会转型，或者说社会制度与生活的剧烈变迁相关。那么社会转型或变迁的原因是什么？社会学研究中认为最重要的因素包括技术、意识形态、竞争、冲突、政治与经济因素，以及结构性张力。具体到发生在20世纪90年代的苏联解体，我们可以发现最重要的因素来自于意识形态的改变，并由此带来的民族主义及宗教复兴的蓬勃发展。正如威廉·乌斯怀特、拉里·雷指出“（俄罗斯）巨变的结果，支持了斯考切波（Theda Skocpol）关于革命模式的理论。这一理论突出强调了，难以琢磨的意识形态和合法化资源，而不是军事武器，对于政权瓦解的重要性。”[①] 意识形态的转变可以将一个世界超级大国迅速瓦解，这充分说明了意识形态巨大的社会推动力和塑造力，相对于武力夺取和瓦解另一个政权，在当今社会具有更加现实和重要的作用。

我们之所以关注社会转型理论，是因为它与本研究课题密切相关，是本书研究的理论与社会基础，更具体地说是社会意识形态的改变和社会剧烈转型才最终导致了苏联国家的解体。本书就是在这样的社会背景下展开的纪念碑研究。在意识形态巨变的社会环境下，通过纪念碑的典型案例可以清楚地看到社会转型是如何影响并作用于纪念碑的设计与建造，纪念艺术在转型社会中又呈现着怎样的典型特点，这些对于我们研究转型社会与纪念艺术均有着非常积极的现实意义。

二、记忆、纪念与社会转型

社会转型与记忆、纪念的关系简单地说，就是随着国家政治生活、社会生活的转型与改变给人们带来的个人或集体记忆上的变化，或者通过纪念物的改变来揭示其与社会转型之间的逻辑关系。

记忆按照个体与群体划分可分为个体记忆和集体记忆，个体

---

① （英）威廉·乌斯怀特，拉里·雷．大转型的社会理论 [M]．吕鹏等译．北京：北京大学出版社，2011.

记忆大都具有隐私性和特殊性，而集体记忆则强调公开性和对共同拥有某种记忆的共性。个体记忆的特殊性强调的是独特的个人体验和经历，抽离个体特殊性的记忆随着某种共有记忆人数的增加就形成了集体记忆。集体记忆是具有特定文化内聚性和同一性的群体对自己过去的记忆。是由若干个体组成，以拥有某种共同记忆为前提的群体或社会的共有记忆。该群体可以是一个宗教团体、一个地域文化共同体，也可以是一个民族或是一个国家。私人纪念物品和公共纪念物，都是记忆的媒介和载体，前者更多承载的是个体记忆，后者则凝聚了集体和大众的记忆。

因为集体记忆对某种记忆的共享特征，因此人们对共有记忆的内容或纪念物能够产生共鸣和认同，并以此获得某种集体认同感与归属感。这种集体认同感通过纪念碑等纪念物外化为具有某种神圣、仪式性的形象，并起到教化民众、启迪后人的教育目的。

随着社会的变迁与转型，人们面对以前遗留在生活中时代的集体记忆的情感是复杂、可能也是多变的，同时对以前的遗留纪念物的态度也是如此。而在转型期内所建造的纪念物，因社会转型往往具有“不确定性”和“多义”的特性，因此呈现在转型期的集体记忆与纪念物的对照关系上这些特点均清晰可见：通过对一个纪念碑的历史梳理，我们发现社会转型期“不确定性”清楚地反映在纪念碑建造过程中——民族的集体记忆是如何被重新建构的，其所包含的多义性特征恰恰在某种角度反映了社会不确定性的转型特点。

俄语中记忆（память）与纪念物（памятник）之间的联系显而易见。纪念物是记忆的物化形式，是以物化的方式，或兼具某种神圣性礼仪、“纪念碑性”等纪念性的属性特点，达到精神上的抚慰与纪念效果。我们常见的纪念物从小到任何一件私人有纪念意义的物品，大到包括大型纪念碑、纪念馆、大型的纪念遗址，甚至区域性纪念城市等，而现在的城市规划中我们常常看到将整个城市区域或整座城市划为保护和纪念区。因此纪念物的概念不应狭义地认为只是一个具体的物品，而应包含所有广义上纪念性质的一切物质空间与时间。

社会转型伴随着集体记忆的更新与转变，因此会带来记忆与纪念关注点的不同。既然社会转型意味着意识形态、社会制度与结构的变迁，在人们的记忆与纪念活动中自然就会发生纪念视角的转变，以及纪念目的、纪念手段的变化。简单来说即“转型社会下纪念的转变”，这是本书关注与研究的重点。社会学家哈布瓦赫的研究表明：“我们应该牢记这样一个事实，即伟大的纪念场所在将人们吸引到一起并展现其‘不朽’的同时，其意义也会随着当前关注点的不同而发生变化。”[①]20世纪的社会主义国家苏联，集体记忆具有浓厚的官方意识形态特征。这从苏联国内随处可见的列宁及无产阶级革命家的雕像、纪念第二次世界大战的纪念碑，还有航天、军事、文学艺术家雕像等城市雕塑上可以清楚地看到。这些雕像代表了社会主义社会功勋与典范下的集体记忆，是以艺术纪念碑设立的手段来强化集体记忆对社会主义价值观的认同。这些雕像所叙述的故事与革命事迹经过长期的宣传已经成为苏联人民集体记忆的一部分。人们已经习惯于以雕像人物的事迹与人生为楷模，为自己人生奋斗的目标。但是，当20世纪80年代以来的社会巨变突然到来的时候，共产主义信仰、列宁创立的社会主义统一的理想典范的“集体记忆”被无情瓦解，取而代之的是各种不同的个体记忆和呈碎片式爆炸开来的各种不和谐的集体记忆。一时间关于各种非官方历史曝光出来，丧失集体记忆精神家园的人们不得不主动或被动地寻找自己新的精神安慰。因此苏联“80年代末90年代初所发生的事情，也是一个官方集体记忆解体的过程，同时还是各种非官方的关于记忆的叙事得到发声的过程（Baron，1997）。”[②]这种集体记忆的转变与瓦解，我们在苏联解体

① （英）威廉·乌斯怀特 拉里·雷．大转型的社会理论 [M]. 吕鹏等译．北京：北京大学出版社，2011.

② （英）威廉·乌斯怀特 拉里·雷．大转型的社会理论 [M]. 吕鹏等译．北京：北京大学出版社，2011.

前后大量拆除的以列宁为代表的革命家的纪念像中可以看到，意识形态的变化导致人们对待集体记忆的物化物——纪念碑的态度发生了迥然不同的改变。而在苏联解体后，大量苏联时期被禁止的民族与宗教题材的雕塑纪念碑重新树立起来，清晰地显示了社会转型与记忆、纪念物转变之间的关系。

第二节　意识形态的影响

一、意识形态理论与宣传

“意识形态”一词是抽象的，它看不见、摸不着，就像空气存在于我们身边每一个角落。但是意识形态并非因为抽象而无法让人感知，生活中我们能够清晰地感到它存在于我们的思维观念中，存在于人们的行为规范中，从国家的政策法规中得以显现。由此可见，意识形态除了体现统治阶级的权利和利益之外，日常生活中还与社会群体、普通老百姓的关系非常密切。社会学家吉登斯（Anthony Giddens）这样定义意识形态：“意识形态是为统治集团的利益服务的共同观念或信仰。它存在于所有群体间、系统的和根深蒂固的不平等的社会。因为意识形态试图将各群体拥有的不同权利合法化，所以，这一概念与权利有着密切的联系。”[①] 在吉登斯看来，意识形态是与权利相关，是为统治集团利益服务的观念和信仰。瓦戈（Steven Vago）对意识形态的定义是：“意识形态是一个复杂的观念系统，它解释了社会和政治的安排和关系（Baradat，1999；Feuer，1975；Funderburk & Thobaben，1994；Gou.ldner，1976；McCarthy，1994），也是一切社会与政治的话语与行动的基础（Freire & Macedo，1998）。”[②] 在瓦戈看来，意识形态还是“一切社会与政治的话语和行动的基础”。因此，意识形态与人们平时思考、观念及行为关系密切，而对于一个国家来说，

---

① （英）安东尼·吉登斯 . 社会学 [M]. 赵旭东等译 . 北京：北京大学出版社，2004.

② （美）史蒂文·瓦戈 . 社会变迁 [M]. 王晓黎等译 . 北京：北京大学出版社，2007.

意识形态更是引导和控制人们思想、观念的重要手段。

苏联十月革命以后，列宁非常清楚地认识到要建立一个全新的社会主义国家，意识形态宣传的重要性。苏维埃政府在全国范围内实施了一系列全新的法令与政策，以实现对人民思想改造：取缔教堂，禁止人们到教堂礼拜；采取各种手段进行共产主义思想宣传，废除沙皇时期的法令与塑像，将城市广场与街道改为共产主义意识形态下的名称，诸如：革命广场、马克思大街等。列宁十分重视纪念碑宣传对人们思想意识形态的改造作用，早在1918年初，便颁布了著名的《纪念碑宣传法令》，该法令对苏联时期的共产主义思想宣传起到了非常重要的作用。苏联时期一直延续的有计划有步骤实施的纪念碑的推广和竞赛活动，与《纪念碑宣传法令》密不可分。可以说《纪念碑宣传法令》使苏联在意识形态领域以纪念艺术的方式建立了共产主义社会的理想典范。

《纪念碑宣传法令》的颁布与实施，是马克思主义意识形态宣传史上的重要事件，是按照列宁思想来改造新社会、塑造新人类的重要手段，具有宣传教育、树立典范、启迪未来的社会伦理功用。它是建立在列宁所提出的艺术为无产阶级、劳动人民服务的基础之上，并通过这一艺术形式达到对无产阶级"新人"塑造的目的。所以苏联时期的大型纪念性艺术大都承载着浓厚的无产阶级意识形态、列宁主义思想等政治理想。同时苏联意识形态对大型纪念性艺术在形式与内容等艺术手法与特征上产生了决定性影响，"苏派"一词的概念和其所包含的艺术形式特征很好地诠释了两者之间的关系。

苏联意识形态的形象与物化，我们从苏联时期遍布街头巷尾的名人雕像中可以得到解读。这些雕像构思精巧，以革命现实主义艺术手段反映人物的身份和精神面貌。这些雕像大都表现主人翁的英勇、豪迈、无畏、为了心中坚定的信念或低头沉思，或翘首远视，采用"意识形态下的艺术实践"形成的概括而肯定有力的造型语言方式，其潜在的语义信息是坚定的共产主义信念与无产阶级革命的理想。在众多表现题材中，最典型的莫过于列宁雕像，描写列宁的文艺作品有一个专有名词叫“Лениниана”（列宁尼阿纳）。在苏联时期众多的艺术家中，“Лениниана”题材的作品是很多艺术家艺术创作的重要部分。像著名雕塑家安德列耶夫[①]（Н.А.Андреев）一生创作了近100件列宁的雕像。其中有些列宁的雕像模式被广泛复制，放置于苏联时期的各种场所。再加上被大量复制的其他雕塑家的列宁雕像一起，一度达到了非常惊人的规模，现在实在无法精确计算苏联时期列宁雕像到底有多少。据俄罗斯一项网络调查显示，截至1991年，包括半身像在内的列宁纪念像不少于14290件。[②]现有的列宁纪念碑、纪念像主要存于俄罗斯境内，数目高达7000件之多。通过这些作品，我们看到了丰满的无产阶级革命家的形象。同时我们也看到苏联时期通过大量设立列宁像，产生了长期持续的社会效应，起到了很好的教化效果。

出于意识形态对立的原因，西方研究学者认为“一直以来，苏联当局都敏锐地意识到，有必要控制集体历史意识的传播（Baron，1997）。在尝试将其统治编码嵌入各种纪念形式方面，苏式现代主义比西方国家走得更远。无处不在的革命领导人的雕塑（尤其是列宁的雕像）、各种战争纪念馆和纪念碑、死去领导人的陵墓，所有这些都构成某种死去的克里斯玛（necro-chrisma）。在这种克里斯玛中，死亡被赋予近乎神圣的革命合法性。陵墓、雕像、对过去和伟大战争仪式性的回顾，构成苏联式景观的普遍特征。”抛却意识形态的政治立场，单从意识形态和纪念碑的关系而论，清晰可见纪念碑艺术与苏联意识形态互为图文的对证关系，也就是说我们可以从纪念碑设立的内容及形式判断苏联的意

---

① 安德列耶夫（1873~1932年），俄罗斯苏维埃雕塑家、巡回展览画派成员、社会现实主义思想家。尼古拉·果戈里雕像纪念碑（1904 ~ 1909年）的作者。是第一批积极参加列宁纪念碑宣传计划的雕塑家之一。创作了大量的列宁像和一大批苏联政治家、思想家和共产国际代表的雕像。苏联时期共产党党证上的列宁像采用的就是安德列耶夫的作品。

② 资料来源：http://leninstatues.ru/skolko.

识形态状况。反过来，意识形态的改变对纪念碑的设立结果也会产生最直接的影响。

二、意识形态与社会转型

意识形态是人们思想与行动的基础，因此意识形态的改变是社会转型和变迁的重要因素之一。尤其在以意识形态控制为主导的国家显现的更为清晰。20世纪的苏联社会，经过斯大林时期极端的政治迫害和意识形态的监控，赫鲁晓夫对意识形态的国家监控的稍有缓解，一直到70年代的“老人政治”，苏联社会积累了许多制约社会发展的根本问题，陷于停滞的发展状况，迫使20世纪80年代在戈尔巴乔夫执政期间开始了政治改革，标志着苏联社会进入了急速的转型期，长期以来建立的共产主义意识形态更是在社会急剧转型之下迅速地瓦解与崩溃。

1987年当戈尔巴乔夫提出民主化、公开性方针，放开新闻、出版机构的审查，社会上立即引发了一场全社会的反思与回归思潮，而这场思潮很快转化为对70年苏联历史中社会阴暗面的揭露与批判。起初，对历史的反思还尽量在更新马克思理论、社会主义思想和共产党领导的框架中进行，然而事态的发展很快就超越了这些限制，对马克思主义和整个苏联历史肯定的越来越少。相对于西方学者批评抨击的立场，俄罗斯学者们在这场国家巨变中采取的立场先是对苏联解体进行批判，进而反省和总结，积极寻找新的出路。苏联意识形态的转变我们或许可以从1987年4月举行的“哲学与生活”讨论会[①]上哲学研究所方法论专家A·尼基福洛夫的文章《哲学是不是科学？》发言中看出，这样的哲学命题矛头直指马克思主义哲学，对马克思主义哲学的唯物主义和历史唯物主义提出质疑，A·尼基福洛夫说：“哲学过去不是，现在不是，而且我希望将来永远也不是科学（马克思主义哲学也一

① 1987年4月在《哲学问题》杂志编辑部召开的研讨会。是对戈尔巴乔夫苏共一月全会上讲话的响应，是苏联改革开始以后哲学界的一件大事。

样)。"[①]"哲学是不是科学?"立即引起了专家学者的讨论与争论。最终得出哲学不是科学的结论,从而直接否定了马克思主义哲学辩证唯物主义和历史唯物主义的科学性。由此可见,无论在生活中还是学术界,20世纪80年代马克思主义哲学在苏联已经发生了根本的改变,这是与苏联政治改革、社会转型的时代背景密切相关的。

俄罗斯本国及欧洲学者普遍认为,改革与意识形态的改变,直接导致了苏联社会的巨变,加速了苏联社会的民族及宗教的矛盾显现,并最终瓦解了这个20世纪把马克思理论付诸实践的超级大国。同样的,我们通过研究转型期俄罗斯大型纪念碑的设立,可以清楚地看到意识形态和社会转型如何作用于艺术纪念碑,并以纪念碑重构国家与历史认同、宗教复兴的现实,这是本书研究与关注的重点。

三、想象的民族景观

同样是第二次世界大战抗击法西斯胜利的纪念,苏联解体前后反映在纪念碑设计上的变化是社会转型下意识形态改变的结果,同时也是历史记忆、纪念关注视角(民族与宗教视角)不同而产生的结果。我们在这里讨论民族主义是因为它不但与马克思主义理论密切相关,与意识形态和社会转型相关,更重要的是它清楚地反映在纪念碑重置的结果中,那就是我们可以借助民族主义这一理论视角观察社会转型期间它对纪念碑的形态所起到的潜在作用,以及民族主义通过纪念碑的设立完成对民族认同、对"民族景观"的虚拟想象。

或许在宏观层面展示意识形态在社会变迁中独立作用的最佳例子是马克思主义。但是在主导苏联解体的过程中我们还应该注意到一个重要因素,那就是民族主义。

社会学家安德森认为"民族"本质上是一种现代的(modern)

① 详见:安启念.俄罗斯向何处去——苏联解体后的俄罗斯哲学[M].北京:中国人民大学出版社,2003.

想象形式——它源于人类意识在步入现代性（modernity）过程当中的一次深刻变化。

为什么“民族”竟会在人们心中激发起如此强烈的感情，促使他们置生命于不顾前赴后继为之献身呢？安德森认为这是因为“民族”的想象能在人们心中召唤出一种强烈的历史宿命感。这种情感，主要表现是一种无私而尊贵的自我牺牲精神。

民族主义是什么？它为什么具有如此强大的凝聚力和影响力？按照本尼迪克特·安德森关于民族国家的观点。他将民族定义为：一种想象的政治共同体——并且，它被想象为本质上是有限的，同时也是享有主权的共同体。[①] 他认为，“民族与民族主义的问题构成了支配20世纪的两个重要思潮——马克思主义和自由主义——理论的共同缺陷”。民族归属、民族的属性以及民族主义，是一种特殊类型文化的人造物。[②] 本尼迪克特·安德森认为，民族认同的形成、民族这种虚拟群体的想象、共时性和宿命感是必要的条件。宿命感往往体现在肤色、性别、出身和出生的时代等——所有那些我们无法选择——不得不这样的事物中。[③]

正是这种“想象的共同体”、“文化的人造物”，在马克思主义的理论中一直被以“阶级”划分所掩盖，被“和谐”统一的民族大家庭忽略。苏联在70年的社会主义实践中将各民族与以前居住的自治区分离，人为地干涉民族间自然形成的生活、居住习惯，强调“民族大家庭”的概念，忽视各民族自己的文化和精神诉求，造成民族及民族间矛盾冲突不断，忽视了民族主义的力量一旦被激发出来，足以葬送掉任何一个强大的国家。20世纪80年代，戈尔巴乔夫的改革放松了管制，苏联国内立刻就暴露出一个明显的问题。苏联的民族众多，加上第二次世界大战后斯大林的强制民族迁移政策将原本居住在各加盟共和国的少数民族强制性地迁往其他地区居住，造成了很多民族在不同加盟共和国混居

① 本尼迪克特·安德森．想象的共同体[M]．吴叡人译．上海：上海人民出版社2003年版：6.
② 本尼迪克特·安德森．想象的共同体[M]．吴叡人译．上海：上海人民出版社2003年版：4.
③ 本尼迪克特·安德森．想象的共同体[M]．吴叡人译．上海：上海人民出版社2003年版：12.

的局面，再加上当地为数众多的俄罗斯族人，不同的民族信仰势必造成民族之间的矛盾。对一些民族而言，把他们同胞居住的区域归入其他共和国的版图是痛苦的。一个典型的例子就是——亚美尼亚人构成纳戈尔诺 - 卡拉巴赫自治州人口的3/4，但该自治州却归入了阿塞拜疆苏维埃社会主义共和国的版图。

埃里克·霍布斯鲍姆曾准确地判断："马克思主义运动和尊奉马克思主义的国家，不论在形式还是实质上都有变成民族运动和民族政权——也就是转化成民族主义——的倾向。"① 苏联解体过程中的民族主义的力量已经证实了霍布斯鲍姆的预言，这使我们注意到马克思主义与民族主义的对立："作为一种意识形态，作为对'资本主义'价值和规范的积极的批评者，以及作为对'社会主义'价值和规范的积极宣传者，马克思主义或许比当代世界的任何其他力量都导致了更多的社会变迁。在工业社会或将要工业化的社会，其后果非常巨大。只有民族主义的意识形态——也是当代世界一个有力的、独立的意识形态体系类型，它在马克思理论当中所显示的普遍价值始终遭到忽略或低估——才可能在影响当代社会变迁方面，拥有和马克思主义一样的影响力。"② 当马克思主义意识形态的控制逐步走向边缘化的同时，苏联国内的民族主义势力高涨，是民族主义寻求独立的呼声率先将苏联推向了解体的危机。

民族认同是伴随着民族主义的出现与生俱来的。当民族这种虚拟群体的想象、共时性和宿命感形成的时候，也就完成了民族认同的过程。也就是说当任何一个民族的成员知道自己的肤色，语言、出身、文化等有别于其他民族，同时他（她）还知道世界上像他一样的人还在周围或世界上的某地正在生活着的时候，这

① Eric Hobsbawm, "Some Reflection on 'the Break-up of Britain'" ,New Left Review,105(September-October 1977,p.13. 转引自本尼迪克特·安德森．想象的共同体——民族主义的起源与散布（增订版）[M]. 上海：上海人民出版社，2011.

② Barber,1971:260. 转引自：（美）史蒂文·瓦戈．社会变迁》[M]. 王晓黎等译．北京：北京大学出版社，2007.

就是民族认同。民族认同可以焕发起人们为了本民族的利益而不惜牺牲的献身精神，在民族认同的过程中，还会导致民族国家的形成。苏联的解体本身就证明了从民族主义崛起到各加盟共和国成为独立国家的事实。“民族主义还具有这样一种优势：它能激发更多感情方面的团结，这种团结可以相互感染。民族主义的忠诚观，能够唤起记忆的共同体；在这些共同体中，认同根植于其所拥有的各种关于共同特质（民族、文化和语言）的观点，正是通过这些共同享有的观点，人们相似的过去被保护起来，并成为一种政治工具（Smith，1997）。”[①] 由此可见，正是因为在民族认同过程中，人们基于民族、身份和语言等方面享有共同记忆和血脉关联，这种相似性在条件成熟情况下，能够成为完成民族国家所需要的政治工具。

当民族主义的意识形态物化为民族纪念物等景观时，将民族记忆经过形象化的方式嵌入到纪念碑中，这样就建立起了民族主义的叙事。当年苏联解体后各加盟共和国在拆除列宁雕像的同时，取而代之的是各民族的英雄人物，其中不乏抗击红军、抵抗1918年十月革命的民族人物，历史竟是这样的讽刺。从本质上来说，这些民族主义的纪念景观和苏联时期无产阶级意识形态下的纪念景观没有差别，但是在意识形态导向、纪念主题和教化意义等方面是完全对立不同的。“由于领土界限开始与历史和现实联结在一起，因此，对民族主义来说，景观（landscape）显得至关重要。景观是外在的——它触目可见，是时空的融合之处；巴赫金称其为‘时空结合体’（chronotope），即特定时空关系的内在联结（Bakhtin，1981）。从这个意义上讲，景观与纪念物构成了不同的时空结合体；其中，时间被压缩在经过象征组合的空间里，被神话和认同所包围。”[②] 当民族主义的神话和认同被压缩在有限

① Smith，1997. 转引自：（英）威廉·乌斯怀特，拉里·雷. 大转型的社会理论 [M]. 吕鹏等译. 北京：北京大学出版社，2011.

② （英）威廉·乌斯怀特，拉里·雷. 大转型的社会理论 [M]. 吕鹏等译. 北京：北京大学出版社，2011.

空间的纪念碑中，历史上的时间与空间维度经过艺术化象征性的处理体现在纪念碑中，纪念碑表现的是一种模拟、象征性的时空关系。这种象征关系借助艺术化的手段，通过纪念碑的特殊语言达到感染观众、提升人们的爱国情操，或者民族自豪感，以此完成对民族共同体的想象和认同。

第三节　认同与重构

一、大型纪念性艺术

大型纪念性艺术[①]是从拉丁语 monumentum（纪念碑）而来，monere 则是记忆、启发、召唤的意思。俄罗斯学者更愿意接受容量大、解释新的苏维埃大百科全书上的定义："一种造型艺术，是与特定建筑环境的思想内涵相结合、涵盖的艺术作品繁多，并能兼顾建筑视觉与色彩系统的艺术。属于纪念性艺术的有纪念碑和纪念馆、雕塑、油画、马赛克的建筑装饰、彩色玻璃画、城市和公园雕塑、喷泉等（有的研究者把建筑也作为纪念性艺术）。纪念性艺术外观和内饰上的构图、造型主题、广场上的纪念碑常常宣扬和体现了时代最广泛的哲学和社会思想，是对杰出的人物和重大事件的永恒记忆。纪念性艺术在建筑综合体中，把建筑、建筑群、建筑空间组织的思想内涵具体化，并时常成为建筑群的主导部分，拥有相对独立的意义。纪念性艺术表达崇高思想的意愿决定了采用雄伟语言的艺术形式，以及人物、对象空间和自然环境大尺度的比例关系。纪念性艺术中的其他一些作品没有担负崇高的思想负担，一般在建筑中扮演配角的角色，起到组织装饰墙面、天花板、外墙等表面的作用……"纪念艺术因具有崇高的纪念意义和永恒的思想内涵而具有广泛的社会伦理规范作用，通过形象化语言教育，达到启迪后人的教育手段。纪念性艺术的产生

① 详见：苏维埃大百科全书，1969 ~ 1978 年版，网络版 .http://bse.sci-lib.com/.

历史悠久，在世界上许多国家广泛应用。

大型纪念性艺术有别于架上艺术，一般由多种艺术手段综合而成，通过与建筑艺术相结合，与自然环境相结合达到精神上的纪念目的。有时大型纪念性艺术也被称为大型纪念性-装饰艺术[①]，它们的目的和艺术思想，以及审美上的表现力都服务于整体的综合体，其在俄语中与大型纪念性艺术的概念相比，更多强调的是“装饰性”特征和与建筑结合的装饰性艺术的特点。人们习惯上不太将两者做严格区分，多数情况下两者所表达的概念可以通用。

大型纪念性艺术并不是为了某些私人团体服务或者相当于博物馆的功能，它们被竖立在广场、街道、公园或者与一些公共建筑相结合，是有明确的纪念功用与教育目的，大型纪念性艺术对大众影响积极，有着明确简洁的艺术形象，一般具有大型的尺寸。

苏联大型纪念性艺术在政府的推动下得到了前所未有的发展。政府在城市的规划与建造中，将大型纪念性艺术与城市规划结合，因此这种艺术形式几乎囊括了城市建设中的方方面面。例如在大型水电站、地铁、剧院、文化宫、城市公园等许多地方均设立建造了纪念性艺术作品。“体现伟大的共产主义思想需要大型纪念性艺术所有种类和形式的全面发展”。[②]在这种思想指导下，在列宁提出的《纪念碑法令》的保障下，苏联经过了几十年的艺术实践，大大推动了大型纪念性艺术的发展，在此领域取得的非凡成果，令全世界瞩目。

“纪念性综合体”是在苏维埃时期形成并发展起来的一种特殊纪念碑艺术形式。纪念碑综合体的雏形诞生于1941～1945年战争时期，当时在全苏有关英雄墓的设计竞赛中出现了纪念碑综合体的概念和语言形式的雏形，纪念性艺术综合体即由此逐渐发展而来。纪念性综合体经历了20世纪四五十年代的积淀期，这

---

① «Краткий словарь терминов изобразительного искусства», издательство «Советский художник», Москва 1965, ср:97.

② «Краткий словарь терминов изобразительного искусства», издательство «Советский художник», Москва 1965, ср:97.

一时期的成果以柏林苏军纪念碑（1949年）（见附图1）为代表。到了20世纪六七十年代发展到了高潮，设计建成了一大批具有代表性的纪念性综合体。例如苏联斯大林格勒保卫战纪念性综合体（1967年）代表了这一艺术发展的成就（见附图2），另外还有列宁格勒胜利广场为纪念第二次世界大战胜利而建造的列宁格勒伟大的卫国战争英勇保卫者纪念碑（1975年）（见附图3），这些案例都是公认的纪念性综合体的优秀典范。

公共艺术（Public art）与大型纪念性艺术概念不同。应该说苏联国内并没有公共艺术这一概念，公共艺术在俄语中的音译为Пабрикарт，或者按照意译翻译成Публичное искусство、Общественное искусство；公共艺术是在苏联解体以后才出现并逐渐发展起来的。因此在俄罗斯，公共艺术与（大型）纪念性艺术在语义和语境上有着很大的差别。当代的俄罗斯学者多数倾向于理论上把纪念性艺术看作公共艺术范畴内一个特殊艺术门类[①]，纪念性艺术有着特殊思想要求与表现手段，这与建立在“公共性”理论基础上的公共艺术不同。在实际生活与操作层面上，西方概念下的公共艺术在当代俄罗斯是比较特殊的一类，还没有获得普遍接受与社会民众的认同，应该说纪念性艺术仍然是俄罗斯人民最喜爱与熟悉、最愿意接受的艺术形式。

二、社会认同与重构

纪念性艺术在苏俄转型期（1985年）以来，因意识形态上的改变，在形式与内容上反映了社会认同与重构的变革。

这一转变是随着苏联的解体进程反映在纪念艺术领域的结果。1991年苏联解体以后，人们的意识形态、生活观念等发生了巨大的改变，这种改变发生在社会生活的各个方面，在纪念性艺术中也有着很清晰的表现。解体以来整体社会认同与重构反映在纪念艺术领域，从内容到形式均发生了巨大而本质的变化。

① «Монументальное искусство и public art», Шугуров Павел. 资料来自互联网络。

苏联的解体标志着列宁所倡导的《纪念碑宣传法令》的终结，但是并非意味着大型纪念性艺术传统的结束。我们可以看成是纪念性艺术发展的俄罗斯时期。这一时期纪念性艺术最大的特点是在认同与重构中反映了当今俄罗斯社会深刻的变化，反映了精神记忆的重塑及对生活、社会多元化需求。

俄罗斯时期在纪念碑的认同与重构中，虽然我们关注的问题是相对于苏联时期而言的，但是又和十月革命前俄罗斯的传统历史部分密切相关。苏联在十月革命以后拆除了所有的沙皇雕像，70 年以后苏联解体，俄国沙皇的雕像又重新被竖立起来。这反映了沙皇又重新获得了俄罗斯的认同。在这些新竖立的沙皇雕像中，不但在人物的相貌衣着、道具等方面严格按照传统的手法表现，而且在造型手法上亦尽量遵守与展现沙皇时代的雕塑手法，苏联时代的塑造方式在解体后的俄罗斯纪念碑雕像中已经难觅踪影。解体后的沙皇雕像在雕塑家手中进行的艺术加工，我们可以理解为是对沙皇形象的艺术重构，是当代俄罗斯语境下的认同与重构。

我们通过俄罗斯新设立的纪念性雕塑来说明这一过程。沙皇亚历山大二世纪念碑，2005 年 6 月开幕，坐落在基督救世主大教堂右侧的绿地上，与救世主大教堂毗邻，其地理位置在莫斯科市非常重要。设计纪念碑的雕塑家是卢卡维什尼科夫。亚历山大二世纪念碑是标志性和象征性的，它标志着俄罗斯对沙皇制度与统治的重新评价，其与救世主大教堂一起被视为民族宗教复兴的象征。雕像中亚历山大二世身着军装，在他的身后是一个象征传统断裂的弧形柱廊和一对铸铜卧踞狮子，狮子则象征着传统的权力与威望。断裂的基座与柱廊的设计如出一辙，是作者艺术思想整体构思的一部分。雕塑家对亚历山大二世人物形象和动态的刻画塑造，延续了俄罗斯雕塑传统，使我们联想到阿别库申等前辈所创造的亚历山大二世的形象，沙皇身披长袍，手持权杖的军人形象英武洒脱。在纪念碑的底座上刻有“皇帝亚历山大二世，1861 年废除了农奴制,解放了亿万农民。进行了军事和司法改革。

完善了当地政府，市议会和农村议会制度。完成了多年的高加索战争，把斯拉夫民族从奥斯曼帝国枷锁中解放出来。死于1881年3月1日，被恐怖主义行为杀害。”沙皇亚历山大二世雕像的恢复重建，从雕塑家对基座和柱廊的整体艺术处理，基座上的铭文评价，无不说明俄罗斯对沙皇政绩、个人命运及其时代的重新评价。

普希金雕像无论是在前苏联还是在俄罗斯无疑都是最受欢迎和被追捧的。普希金已经成为一个符号，一个民族象征、俄罗斯的骄傲，被誉为俄罗斯的“太阳”。苏联解体后，1999年在莫斯科著名的阿尔巴特文化步行街——曾经普希金和妻子康恰洛娃生活过的地方，如今是普希金故居博物馆的对面，竖立了一座普希金—康恰洛娃纪念碑。值得关注的是，这是第一次将普希金的妻子康恰洛娃和普希金雕像合放在一起，这显然反映了俄罗斯对康恰洛娃的重新评价，曾经是“交际花”的康恰洛娃得到了人们的理解与认可。雕塑表现的是普希金和妻子结婚仪式上的场景，普希金与康恰洛娃手挽手站在祝福的人们面前，神圣而略显严肃的脸上洋溢着幸福，康恰洛娃的形象在艺术家的处理中，甚至超过了对普希金的喜爱，占据了构图的大部分，其华丽的衣装极尽奢华，相形之下，普希金甚至成了她的陪衬。另外一个细节是作者没有夸大现实中普希金的形象，如实地再现了普希金和康恰洛娃的身高比例（普希金比康恰洛娃矮9厘米，大了13岁），这些细节可以看出俄罗斯对待康恰洛娃的态度改变，普希金也不再是毫无缺陷的“圣人”,他回归了生活,回归了真实,在与妻子的牵手中，他是那么的平凡，那么朴素。透过普希金与妻子执手的细节，再现婚礼幸福的场面，所有观众都会祝福他们幸福美满，但是联想到主人翁不久后悲剧的结局，我们又会想到普希金为了妻子决斗的画面。与眼前亲密幸福的两人联系起来，不免让人更加珍爱这尊雕像塑造的美丽永恒的瞬间，温情牵手的细节，亦体现了作者的美好祝愿与艺术创意。

以上两个纪念碑的例子说明，在苏联时期被取缔禁止的纪念人物或者敏感人物及事件，如今得到了俄罗斯的重新评价和认可，这反映了人们对待本国历史的态度发生了很大的改变，这种变化体现在社会生活中的方方面面，当然也明确地反映在纪念碑的设计中。这些变化体现了社会新的思想认同和观念的变化，体现了转型期俄罗斯社会的重构特征。

第二章　胜利纪念碑早期设想与俯首山的象征意义

第一节　胜利纪念碑的动议

一、纪念碑的提出与设想

自古以来，古罗斯就有设立教堂、纪念碑以铭记俄罗斯历史上的重大战役，缅怀民族英雄的传统。建于16世纪中期的莫斯科红场上的圣瓦西里教堂，[①] 就是为了纪念把莫斯科从波兰人手中解放出来的英雄而建造的具有传统东正教风格的教堂。教堂前方是由雕塑家马尔托斯（1754 ~ 1835年）塑造的民族英雄米宁（1570 ~ 1616年）和波扎尔斯基（1578 ~ 1642年）纪念碑（1818年）；另外1812年战胜法国拿破仑入侵，为了纪念这次卫国战争的胜利（在本书中，只有伟大的卫国战争特指第二次世界大战期间苏联抵抗德国法西斯入侵的战争），在莫斯科设立并建造了凯旋门和救世主大教堂等纪念物，包括后来陆续建造的博罗季诺全景画博物馆和库图索夫纪念碑等。为历史上影响俄罗斯命运的重大事件设立纪念碑、纪念馆、博物馆及建造纪念教堂等已经成为俄罗斯对待传统，铭记历史的一部分。如今这些地方已经成为莫斯科著名的旅游景点和风景名胜。

建造胜利纪念碑的想法源于第二次世界大战时期极端艰苦的生存环境和对赢得战争胜利的渴望。残酷的战争及异常严酷的生存条件使苏联人民诞生了渴望获得战争胜利以及建造纪念碑铭记

---

① 圣瓦西里教堂又名圣母大教堂，建于1555 ~ 1561年，是莫斯科最著名的东正教建筑之一，也是红场及莫斯科的象征，是莫斯科红场景观的重要组成部分。

这场伟大卫国战争的愿望，这是胜利纪念碑产生的背景。[①]1942年苏德战争处于最艰苦时期，当时著名的列宁格勒900天围困就发生在这一时期，其艰苦与残酷的程度可以说是世界战争史上绝无仅有的。[②]异常艰苦的生存条件使人们萌生了对战争胜利的渴望和战争结束后建立纪念碑以铭记这一伟大历史荣耀的构想。诗人罗日杰斯特文斯基在《纪念碑的荣耀》[③]中写出了战争的艰苦和胜利的荣耀：

看那严酷的脸庞，
是列宁格勒的史诗！
他们有权为祖国感到骄傲，
他们的心透过石头跳动，
激烈的战斗直到胜利！
这种无限的勇气，
这种勇气，刚毅和辛劳，
纪念碑是我们的敬重和信念，
伴随盛开的花园环绕，
新的绿色生活，
烟花烂漫[④]。

---

① 颇具讽刺意味的是，世界上最早设想并准备建造纪念第二次世界大战纪念碑的是希特勒，“早在1940年，4万立方米的花岗岩石块就整齐地摆放在奥得河畔的菲尔斯滕堡市内，作为胜利后建造纪念碑的储备。在希特勒战败后，这些石材被运到俄罗斯的特维尔用于城市基础建设。” "Гора родила штык", Алла ШУГАЙКИНА, «Вечерняя Москва», 14 марта 1995 г .

② 列宁格勒战役被围困时间长达900天，共有64.2万人饿死和冻死，2.1万人死于德军的空袭和炮击。美国军方在《第二次世界大战》资料片中评价列宁格勒战役说：“一个将军可以赢得一次战役的胜利，但是，只有人民才能赢得战争的胜利！”英国的《旗帜晚报》也称颂道：“列宁格勒的抵抗乃是人类在经受不可思议的考验中取得辉煌胜利的一个榜样。在世界历史上也许再也不能找到某种类似列宁格勒的抵抗。”

③ Всеволод Рождественский. Монумент Славы. «Правда», 1975, 9 мая. 转引自：«Михаил Константинович АНИКУШИН», Александр Иванович ЗАМОШКИН, Ленинград «ХУДОЖНИК РСФСР»,1979, стр:303.

④ “Поглядите в суровые лица, Ленинградцев эпических лет!Вправе Родина ими гордиться,Жить сердцам их, сквозь,камень им биться, Метрономом борьбы,и побед!...Эту доблесть, не знавшую меры,Это мужество, стойкость и труд---Монумент нашей чести,и веры,---Окружают цветущие скверы,Свежей жизни зеленый,салют.”

诗中缅怀了列宁格勒人民抗击德国法西斯的艰苦，也写出了不屈的列宁格勒市民坚定的胜利信念，并对围困期间英勇的人民进行了高度的赞美，最后通过史诗般纪念碑的方式凝聚与铭记这段光辉的历史，鲜花与焰火是对胜利最好的铭记。

1943 年的 2 月斯大林格勒保卫战，当时苏军全歼 33 万被围德军，实现了第二次世界大战的重大转折。就在这年的 2 月，建筑师约凡[①]在写给斯大林和莫洛托夫请求观摩苏维埃宫（Дворец Советов）模型设计的信中，热情洋溢地提出自己的设想：在苏维埃宫的设计建造中，同时表达对红军的伟大胜利和苏联人民抗击德国法西斯的英雄气概的纪念，纪念的主题就是“胜利”。（见书后彩图 2-1）[②]

苏维埃宫的设计项目，立项于第一次苏维埃代表大会的 1922 年，针对该项目的设计竞赛始于 1931 年，共分几个不同阶段进行。到 1931 年年底共收到 272 个设计方案和建议书，其中有 135 件竞赛作品，12 个委托设计方案，13 个非竞争性方案。[③]另外还有国外建筑师的提案 24 份，其中包括勒·柯布西耶、沃尔特·格罗皮乌斯、艾·门德尔松等世界著名建筑师的设计方案。

建筑师约凡提交的设计方案，是将苏维埃宫设计为一个高度为 460 米的巨型建筑，最上面是 100 米高的列宁巨型雕像（苏联雕塑家穆希娜曾专门注文对列宁雕像的风格进行阐述[④]），这

---

① 鲍里斯·米哈伊洛维奇·约凡（1891 ~ 1976 年），苏联著名建筑师，1891 年出生于敖德萨，一战后约凡在彼得堡的建筑师（А.О. Таманяна, И.И. Долгинова）工作室实习。1914—1924 年，约凡去意大利生活和学习。1941 年获得斯大林奖金。主要作品有 1931 年苏维埃宫设计，1937 年巴黎世博会苏联馆（雕塑：穆希娜）设计，1939 年纽约世博会苏联馆设计。1947 ~ 1948 年，莫斯科大学新楼设计等。

② 详见：«Памятник Победы-----История сооружения мемориального комплекса победы на Поклонной горе в Москве», Издательство: Голден Би, 2005г,ISBN 5-901124-23-5，c8.

③ 详见：«Художественная жизнь Советской России 1917-1932», Москва, «Галарт», 2010, ст:363.

④ 参见："О скульптуре дворца советов",В. И. Мухина, «Русская советская художественная критика 1917 ~ 1941», издательство «Изобразительное искусство», Москва, 1982, ст: 866.

是当时世界上最高的建筑工程，高于同时期法国的埃菲尔铁塔和美国的帝国大厦。1931 年苏共当局计划拆除当年的救世主大教堂及其广场作为将来建造苏维埃宫的选址，并对原来的救世主大教堂广场进行适当扩建。救世主大教堂被炸毁后，苏联于 1934 年将苏维埃宫列为重点工程建设项目，到 1939 年，已经做好了建筑工程的地下基础部分，着手准备在上面建造苏维埃宫。不久后开始了第二次世界大战，苏维埃宫的建造工作被迫停止。二战后国内情况发生了变化，国家需要更多地投入到基础设施建设上来，建造苏维埃宫最终没有继续下去。① 苏维埃宫是众多设计工程中实施的巨型项目，虽然没有建造起来，但是前期的设计准备已经投入了大量的人力物力，超高建筑的技术难点、建造施工等已经解决，为苏联以后建造超大型项目奠定了基础。停建使得将纪念第二次世界大战胜利纳入苏维埃宫的想法被迫搁浅，没有实现。

1943 年当希特勒在莫斯科城下战败后，苏联雕塑家托姆斯基② 立即做了一件名为《胜利者凯旋》的纪念雕塑（见图 2-2）。③ 这应该是目前有资料可查的纪念抗击德国法西斯胜利最早的雕塑纪念碑。

1943 年，当第二次世界大战发生了有利于莫斯科方面的转折

---

① 1955 ~ 1956 年，恢复苏维埃宫建造的问题多次在苏联共产党中央委员会的主席团会议上讨论，最终否决了约凡的方案。1956 年 8 月 13 日苏联部长会议决定重新举行《列宁纪念碑 - 苏维埃宫》的设计竞赛。1956 年 12 月 28 日，苏联部长会议接受《关于在莫斯科建造苏维埃宫和列宁纪念碑的选址》议案，决定把建造苏维埃宫和列宁纪念碑分开，地点改放在距离莫斯科大学西南 3 公里的地方。并于 1957 年公布了全苏列宁纪念碑的竞赛的计划、条件等。在挖出的救世主教堂的坑基上，如今地铁站旁后来建造了莫斯科游泳馆。苏联解体后 1997 ~ 1999 年，这里重新恢复建造了救世主大教堂。

② 托姆斯基，尼古拉·瓦西里耶维奇（1900 ~ 1984 年），苏联著名雕塑家、壁画家、教授、艺术科学院成员（1949 年，1968 ~ 1983 年期间任主席），苏联人民艺术家（1960 年），社会主义劳动英雄（1970 年），列宁奖金获得者（1972 年），五次斯大林奖金获得者、苏联国家奖金获得者（1979 年）。

③ 目前这组纪念像位于莫斯科列宁格勒大道的立交桥上，从谢列梅杰沃国际机场前往市中心的路上会经过。"Гора родила штык", Алла ШУГАЙКИНА, «Вечерняя Москва», 14 марта 1995 г.

后，苏联建筑界已经在着手规划战后的城市建设工作，其中包括历史纪念物、纪念碑等方案的规划。1943 年 8 月 16 ~ 19 日，在莫斯科召开了第 11 届全苏建筑师大会，对于战后城市建设、方案的制定规范和复杂的综合体等问题进行了研讨。①

图 2-2 胜利凯旋，1943 年，Н · В · 托姆斯基（图片来自画册《托姆斯基》）

1944 年 5 月，建筑师、中将穆舍吉扬写信给斯大林，信中明确提出在莫斯科建造"伟大的卫国战争胜利纪念碑"的设想。②将建造地点设想为红场，并对纪念碑的形式尺度等问题进行了阐述，文中将流泉的设计和金字塔的造型相结合，把流泉和石头、金属、草坪与雕塑等结合起来，表达胜利、欢快、喜悦的和声。

---

① «Из истории Советской архитектуры 1941-1945гг.»,издательство«наука», Москва 1978,ст:62-63.

② «Памятник Победы История сооружения мемориального комплекса победы на Поклонной горе в Москве», Издательство: Голден Би, 2005г, ISBN 5-901124-23-5, с33. 作者注：伟大的卫国战争一般是指苏联时期的抗击法西斯战争，卫国战争则是指 1812 年的俄法战争。

关于建造纪念碑的经费问题，1944年2月，苏联文化界的一些著名活动家、艺术家联名发起的一封写给斯大林的信中倡议用全国人民的捐款建造纪念碑。其中有我们熟悉的雕塑家穆希娜、作曲家肖斯塔科维奇、画家尤恩等[1]，这些文化名人具有很强大的社会号召力，对于纪念碑经费的社会募捐起到了非常积极的宣传号召作用。

1945年3月5日，在莫斯科首席建筑师大会上，提交了一份未来5～10年间优先建造的纪念碑名单，这份名单上排在第一位的就是伟大的卫国战争纪念碑。这份决议是在莫斯科建筑规划委员会首席建筑师、苏联部长会议艺术委员会、纪念碑安置委员会等材料的基础上形成的。并明确1948年由莫斯科市政府实施纪念碑的设计计划。[2] 当时的苏联刚刚结束对德战争，百废待兴，建造纪念碑的计划虽然提上了政治议程，但国内还是没有更多的物资财力用于纪念碑的建造。但是1945年的纪念碑建造计划无疑象征性地开启了胜利纪念碑漫长的建造历程。

1952年9月，苏联政府决定再次明确建造伟大的卫国战争纪念碑和纪念馆，并举办了方案的公开竞赛。这次竞赛中，纪念碑设计方案的优胜者是建筑师卢德涅夫，纪念馆内饰方案的优胜者是建筑师切尔尼亚豪夫斯基。但是最终因设计方案过于保守老旧未被采用。

二、纪念碑建造的确立

1955年6月，距离第二次世界大战苏军胜利已经过去了10年，但是纪念二战胜利的纪念碑仍然没有建造起来。时任国防部长的

---

① «Памятник Победы История сооружения мемориального комплекса победы на Поклонной горе в Москве», Издательство: Голден Би, 2005г, ISBN 5-901124-23-5, с15.

② 详见：«Памятник Победы История сооружения мемориального комплекса победы на Поклонной горе в Москве», Издательство: Голден Би, 2005г,ISBN 5-901124-23-5, с53-55.

朱可夫元帅[1]代表苏联部长理事会写信给苏共中央，提出在莫斯科、列宁格勒、斯大林格勒、塞瓦斯托波尔、敖德萨等五个城市设立纪念碑和纪念场所，以纪念二战苏军的胜利，并建议举行雕塑竞赛，同时着手纪念碑场馆的筹备工作。信中朱可夫元帅还列举了在中国一些地方已经建造了苏军纪念碑，铭记苏军在中国抗日战争中的光荣历史，教育年轻人树立正确的人生观、价值观。并以此例敦促在苏联国内首先在二战中的英雄城市尽快设立纪念碑和纪念场所。[2]

1956年，苏共中央再次颁布决议草案，在莫斯科建造伟大的卫国战争纪念碑，决议中明确把莫斯科俯首山作为纪念碑将来设立的地址;另外拨款40万卢布作为纪念碑设计竞赛的专项经费。[3]随后于1957年5月，苏共中央主席团颁布决议，正式确立了在俯首山建造纪念碑，并将纪念碑命名为“胜利纪念碑”。委托文化部、国家建委、莫斯科建设执行委员会举办全苏纪念碑设计竞赛，决定于1957 ~ 1958年举办纪念碑雕塑竞赛活动。文化部也公布了公开进行纪念碑设计竞赛的规则及说明（图2-3）。

1958年2月23日，苏联庆祝武装力量40周年之际，苏共中央委员会和苏联部长会议隆重在俯首山竖立纪念石碑:“在这里将

---

① 乔治·康斯坦丁诺维奇·朱可夫（1896 ~ 1974年）苏联军事与党的活动家、苏联元帅（1943年）、四次苏联英雄荣誉获得者。1939年领导了哈拉哈河战役。1941年1 ~ 7月任联合参谋部主任、苏联国防人民委员会副主席，在1941 ~ 1942年间的列宁格勒和莫斯科战役中领导了苏军后备军队、列宁格勒军队和西线部队，1942年起任国防委员会第一副主席和副总司令。1944 ~ 1945年领导了乌克兰第一部队和白俄罗斯第一部队。他是苏军在柏林的指挥官和苏军1945 ~ 1946年首席指挥官、苏联陆军部队指挥官、苏联国防部（陆军）副部长（1946年）。敖德萨军区（1946 ~ 1948年）和乌拉尔军区（1948 ~ 1953年）的领导者、苏联国防部第一副主席（1953 ~ 1957年）及国防部长（1955 ~ 1957年）。苏共中央委员会候选人（1941 ~ 1946年）和苏共中央委员会成员（1952 ~ 1953年）、苏共中央委员会主席团候选人（1953 ~ 1957年）和主席团成员（1956 ~ 1957年）、苏联最高委员会代表（1941 ~ 1958年）。

② 详见：«Памятник Победы——История сооружения мемориального комплекса победы на Поклонной горе в Москве», Издательство: Голден Би, 2005г, ISBN 5-901124-23-5，c58-62.

③ «Памятник Победы——История сооружения мемориального комплекса победы на Поклонной горе в Москве», Издательство: Голден Би, 2005г, ISBN 5-901124-23-5，c70.

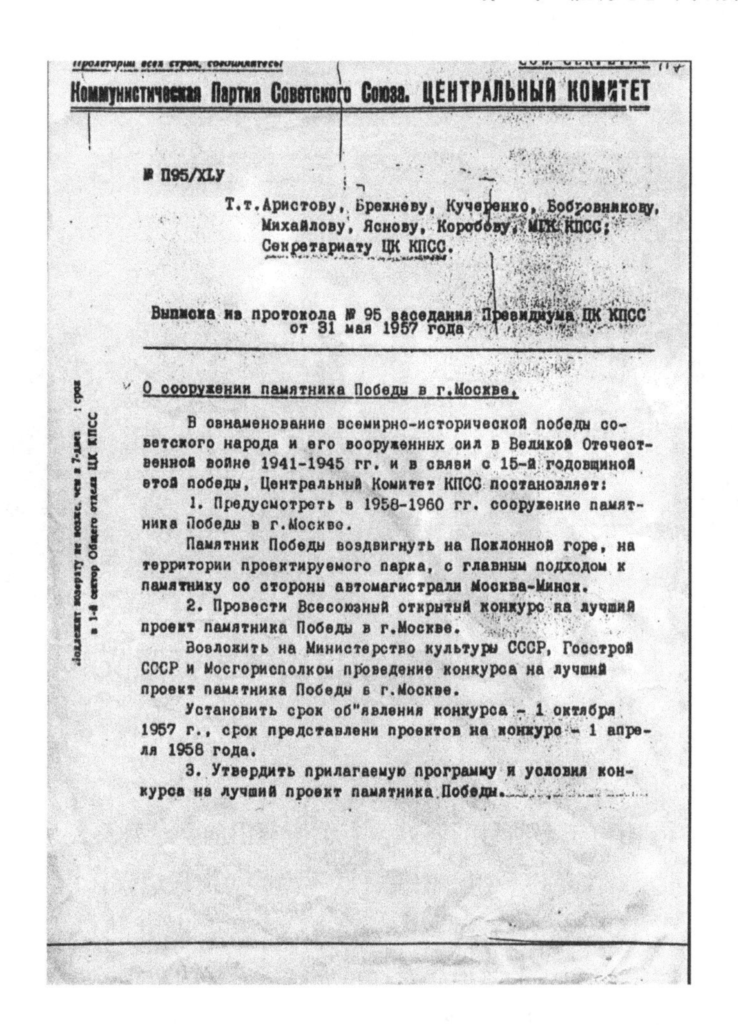

Пролетарии всех стран, соединяйтесь!

Коммунистическая Партия Советского Союза. ЦЕНТРАЛЬНЫЙ КОМИТЕТ

№ П95/XLY

Т.т.Аристову, Брежневу, Кучеренко, Бобровникову, Михайлову, Яснову, Коробову, МГК КПСС; Секретариату ЦК КПСС.

Выписка из протокола № 95 заседания Президиума ЦК КПСС от 31 мая 1957 года

О сооружении памятника Победы в г.Москве.

В ознаменование всемирно-исторической победы советского народа и его вооруженных сил в Великой Отечественной войне 1941-1945 гг. и в связи с 15-й годовщиной этой победы, Центральный Комитет КПСС постановляет:

1. Предусмотреть в 1958-1960 гг. сооружение памятника Победы в г.Москве.

Памятник Победы воздвигнуть на Поклонной горе, на территории проектируемого парка, с главным подходом к памятнику со стороны автомагистрали Москва-Минск.

2. Провести Всесоюзный открытый конкурс на лучший проект памятника Победы в г.Москве.

Возложить на Министерство культуры СССР, Госстрой СССР и Мосгорисполком проведение конкурса на лучший проект памятника Победы в г.Москве.

Установить срок об"явления конкурса - 1 октября 1957 г., срок представлени проектов на конкурс - 1 апреля 1958 года.

3. Утвердить прилагаемую программу и условия конкурса на лучший проект памятника Победы.

Подлежит возврату не позже, чем в 7-дневный срок в 1-й сектор Общего отдела ЦК КПСС

图 2-3 1957 年的苏共中央决议文件（图片由胜利纪念馆档案馆提供）

建立胜利纪念碑，以纪念苏联人民 1941 ~ 1945 年伟大的卫国战争的胜利”。[①] 对于此次事件，社会媒体进行了广泛的报道。石碑的设立成为胜利纪念碑建造历史上重要的事件与标志性的开端，由此正式拉开了胜利纪念碑设计建造的序幕（图 2-4）。

① 原文为：“Здесь будет сооружен Памятник Победы советского народа в Великой Отечественной войне 1941-1945 годов”。出席当天立碑纪念活动的有：苏联国防部长、元帅马林诺夫斯基；苏联元帅康涅夫、萨卡洛夫斯基、布金内；苏联军队、海军政治部主任上将果里科夫；空军元帅维尔什宁；海军上将果尔什科夫；苏联总工会主席戈里申；苏联文化部长米哈伊洛夫；苏共莫斯科市委书记乌斯季诺夫、马尔琴科、阿尔洛夫、共青团中央委员会书记谢列宾，还有其他将军、军官先进工作者和党的基层劳动人员。"Празднование в Москве", «Красная звезда», 25 февраля 1958 г.

图 2-4 1958 年 2 月俯首山竖立将建造“胜利纪念碑”的石碑（图片来自胜利纪念馆）

第二节 莫斯科俯首山的象征意义

一、俯首山的历史与象征

俯首山位于莫斯科的西郊，有关俯首山的文献资料最早记载于 14 世纪的文献中，俯首山由一些不高的小山丘组成。① 历史上这些小山丘曾经是维亚季奇人的墓地。② 因此很久以前人们就将这里视为自己祖先的圣地，对这里充满了无限的敬意并逐渐形成了精神上的认同归属感（图 2-5）。俯首山的海拔大概在 170 米（以波罗的海海平面 0 米计算），当时人们站立于这些小山丘上远眺莫斯科全景与城中的教堂，脱帽躬身，俯首致敬，以此表达对这块土地的虔诚与热爱，“俯首山”一名概由此来。“传说中，俯首山的名字是从俄罗斯人在山上远远地看到教堂躬身敬意行祈祷之礼而来，当逐渐靠近城市，路人在山丘上对越来越近的教堂俯首

---

① 在莫斯科市郊的 Тульской, Калужской, Смоленской, Волоколамской 等大道上均有一些起伏不平的小山丘，这些小山丘一般也被统称为俯首山。

② 维亚季奇人是东斯拉夫部族的一支。"Поклонную гору---восстановим", Ю.КУГАЧ, «Труд», 4 марта 1987г.

祈祷；当从城市返回，站在离城市越来越远的山丘上再次回望城市与教堂，人们最后俯首祈祷”（图 2-6）。① 对俯首山有着深入研究的俄罗斯历史学家萨别林认为“……俯首山在我们的历史中是最难忘和地理上最显著的地方，自古以来俄罗斯人就习惯从山顶对母亲——莫斯科俯首鞠躬。” ② 从萨别林解释的含义中我们知道不仅在俯首山可以俯瞰莫斯科城全景，美丽的莫斯科城常常让人们流连忘返，而且对于俄罗斯人来说俯首山还意味着是母亲般神圣的“圣地”，是民族精神的摇篮与发源地，在俄罗斯的地理与历史中占有重要的象征地位。

俯首山周围以前都是莫斯科郊区的农村，自古以来就有一条通往明斯克方向的道路，沿着这条道路一直向西可以到达古罗斯边缘并与西方国家相接。从俯首山通往西方的这条弯弯曲曲的道路，给俄罗斯留下了许多苦难的记忆，同时也带来了更多民族胜利的自豪与骄傲。

因为重要的地理位置，自古以来俯首山就和莫斯科的命运紧密联系在一起。俄罗斯历史上很多重要的历史事件与俯首山的名字紧密相连，因此这里还被美誉为俄罗斯的摇篮。“16 世纪末，这里曾经抗击过克里木金帐汗国基烈和波兰—立陶宛封建领主哈德凯维奇 ③ 的入侵。” ④1610 年，波兰入侵者热尔凯夫斯基率领军队进入俄罗斯，就将自己的军营驻扎在俯首山旁的谢通河岸边，

---

① 引自 :Военно-статистическое обозрение Российской империи. СПБ.,1853г. 转引自："Ника никуда не улетит", Яна ЗУБЦОВА, Иван Луцкий, «Аргументы и факты», 3 августа 1995 г.

② 原文为：“...Самое памятное в нашей истории и примечательное по своей топографии место—это Поклонная гора. С ее высоты исстари русский народ привык воздавать поклон матушке-Москве” 转引自："Поклонная гора", Лев Колодный, «Московская правда», 27 июня 1982 г.

③ 1611 年 11 月 4 日（有些材料考证是 7 日），莫斯科从波兰人的统治下解放出来。这一天也被称为莫斯科的解放日。在莫斯科红场上的圣瓦西里教堂就是纪念这次事件的，这也是莫斯科的第一座纪念教堂。参见："Грани смутного времени",«Красная звезда», 27 ноября 2004 г.

④ "Памятник поколению победителей", Виктор ДОЛГИШЕВ, «Красная звезда», 5 марта 1996 г.

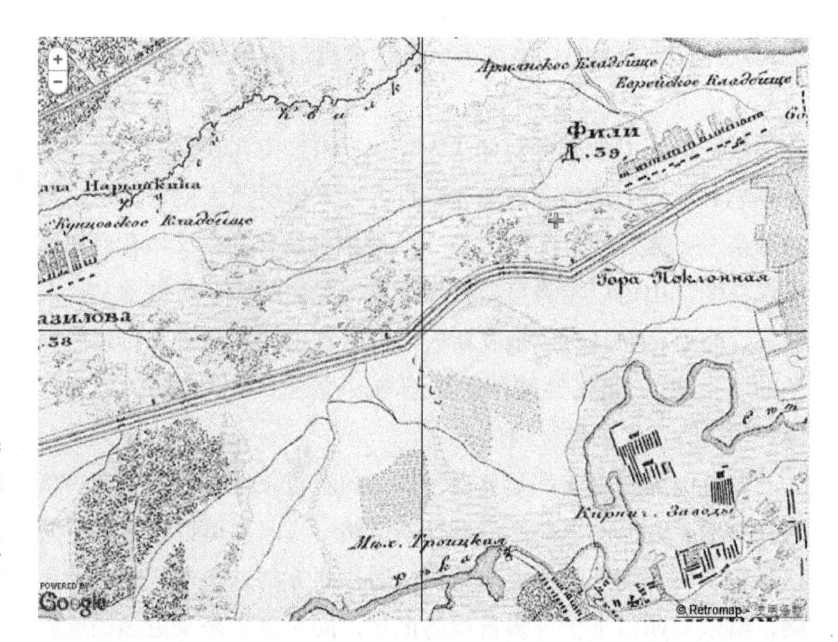

图 2-5 1848 年俯首山地图（十字交叉线的交叉点即为如今胜利纪念碑主碑所在位置，图片来自网络）

图 2-6 19 世纪从俯首山远眺莫斯科城（图片来自书籍《胜利纪念碑建造档案》）

从莫斯科派来的使者与波兰人侵者达成协议，正是在俯首山南岸的坡地上莫斯科大臣第一次将莫斯科交给了波兰侵略者王子弗拉基斯拉夫。历史学家萨别林写道：“1610 年 8 月 19 日，热尔凯夫斯基统帅在俯首山的谢通河边大肆宴请来自莫斯科的代表大臣，摆了最豪华的酒宴，并准备了许多贵重礼品送给每一个莫斯科来的人，每一个来的人都没有空手而归。”① 传说这里还是 1812 年俄法战争拿破仑空空等候来自莫斯科的进城邀请的地方。1812 年库图索夫领导的俄军与法国拿破仑的军队在博罗季诺交战后，库图索夫带领军队退守莫斯科，并准备同法军进行一次最后的总决战，

① "Поклонная гора", Юрий БАХНЫКИН, «», 1994 г.

决战的地点就选在了俯首山周边。但是1812年9月1日，著名的菲力军事会议决定放弃莫斯科，继续后退以确保俄国军队的实力，即库图索夫所说的名言“放弃莫斯科但是没有丢掉俄罗斯”。历史上俯首山旁边有一个叫菲里的村落，村上的木屋遗址现在是重要的历史纪念保护建筑，当年农民弗罗洛夫的小屋就在村里，1812年库图索夫元帅就是在弗罗洛夫的小木屋里指挥战斗。俯首山旁如今还保留了一个库图索夫当年用过的小木屋博物馆，“库图索夫木屋”已经成为和俯首山紧密联系在一起的重要历史性纪念圣地（见书后彩图2-7）。[①]1812年俄法战争时，在俯首山曾聚集了大量市民和军队，他们誓与法军抗争到底。1868年，菲里村曾遭受过一场大火，所有木屋不幸被大火焚毁。1941 ~ 1945年卫国战争期间反抗德国法西斯的入侵，苏联红军和莫斯科人民军经过俯首山到前线抗击法西斯的侵略。1941年秋，从莫斯科以西110公里的莫扎伊斯科到俯首山的战线上粉碎了德国第四集团军和第四坦克军。同样1945年胜利前夕，苏军还从俯首山出发攻克柏林。二战期间俯首山作为保卫莫斯科城的最后一道防线，显示了它重要的战略及象征意义。从以上三场改变俄罗斯命运的战役来看，它们都与俯首山有着重要的历史关联。

1812年俄法战争以后，俄罗斯建造了凯旋门、博罗季诺全景画博物馆、库图索夫纪念碑等庆祝抗击拿破仑的胜利，自此俯首山给苦难的俄罗斯又平添了一份自豪与骄傲，屈辱遥远的记忆已经成为阴霾的过去，成为“胜利的象征”。1812年卫国战争以后俯首山对俄罗斯来说更多的是民族的骄傲，是无畏英雄的人民战胜敌人的象征。

1935年制定的莫斯科城市规划中，计划在俯首山的最高点建立一个大型公共广场，意在将广场打造成社会文化活动中心。从广场可以看到莫斯科市全景，然而这个计划最终没有实施。后来

---

① 在博罗季诺战役结束75周年之际，仅存的小木屋被保护起来，经过专业设计，修复了一个正面有3扇窗和带有天窗阁楼的原木木屋。木屋恢复后曾做过退伍军人的救济院，如今这里是“库图索夫木屋”博物馆。

由于城市发展规模扩大，俯首山逐渐与莫斯科城连在了一起，成为莫斯科城的一部分。

俯首山经过数百年的历史沉淀，已经成为俄罗斯民族精神与灵魂的一部分。1812年卫国战争军事活动家格林卡曾这样描述傍晚的俯首山："沉思于俄罗斯精神的奇妙飞行，感觉傍晚六点钟的时候我正飞翔在俯首山的上空，茂密的橡树林、大地在人们的睡梦中仿佛消失了。"[①] 作者带着浓厚的个人感情，将俄罗斯的灵魂与傍晚的俯首山景色融为一体，掠过俯首山的橡树林，俄罗斯之魂如梦般地飞翔在天空中，此时作者感到似乎整个地球都消失了。通过俄罗斯灵魂梦幻般飞翔在俯首山上空的情景描述，我们可以感知到俯首山对于俄罗斯民族精神的重要性。这种认同感并非出于个人或某些人的特殊情感，而是已经化为整个民族和国家的精神认同，是鲜血与牺牲换来的民族自豪感。了解俯首山的历史能够帮助我们更好地理解俯首山对于俄罗斯精神的重要性及其在俄罗斯文化中重要的象征性。

二、文艺作品中的俯首山

俯首山在俄罗斯的历史中占据非常重要的地位，也与俄罗斯的民族精神密切相关，因此以俯首山为题材的文艺作品并不鲜见。这些作品和大文豪托尔斯泰、普希金等名字联系在一起，伴随着一代代年轻人的成长，是俄罗斯民族精神形成、延续的重要营养。例如托尔斯泰写作《战争与和平》期间，为了描写俄罗斯和法国军队博鲁季诺战争的场面，曾多次到俯首山实地考察，到过当年库图索夫在菲里的小木屋。托尔斯泰在《战争与和平》中还描写了俯首山美丽的风光，这些真实的感受都被托尔斯泰忠实地写进了小说中，譬如：

---

① "размышляя о дивном полете духа русского, в шесть часов вечера очутился я на Поклонной горе, где тогда была дубовая роща. Земля как будто исчезала под сонмом народа"Сергея Глинки, 转引自：Лев Колодный Ефимович: "На Поклонной горе",《Московская Правда》, 9 апреля 1987 г.

“拿破仑率军站在俯首山上，看着在他面前打开的景象……早晨的光芒很神奇，从俯首山看过去的莫斯科在河流、花园和教堂的衬托下伸展开来，非常开阔，感觉活在自己的生命中，阳光下的穹顶像星星般闪烁。”①

在小说《战争与和平》中还写道：“任何一个俄国人，观看莫斯科，便会觉得它是母亲；任何一个外国人，观看它时，如不了解它这母亲的涵义，也定能体会到这个城市的女性之美，这一点，拿破仑也是感觉到的。”另外小说中还描述了1812年拿破仑站在俯首山上等待从莫斯科来的使团，等待进入克里姆林宫的“钥匙”。但是莫斯科让拿破仑空等一场，他什么也没有等到（图2-8）。同样的情节普希金也在诗中写道：

拿破仑空空地等候，
陶醉于最新的幸福，
克里姆林宫的钥匙，
来自莫斯科的跪降，
不，我的莫斯科没有，
向他低下请罪的头……②

拿破仑选在俯首山等候俄国代表团的到来，等待进入克里姆林宫的邀请，这是符合历史逻辑的：俯首山历史上一度是俄国政府迎接重要人物和驻俄使领馆的前站。站在山上170米的高度，俯瞰莫斯科城，俯瞰城中碧树环绕中金碧辉煌的教堂，那是最美妙的俄罗斯景象。难怪当年拿破仑从俯首山依稀俯瞰远处莫斯科

① 原文为：“Наполеон стоял между своими войсками на Поклонной горе и смотрел на открывшееся перед ним зрелище... Блеск утра был волшебный. Москва с Поклонной горе расстилалась просторно с своею рекой, своими садами и церквами, и, казалось, жила своей жизнью, трепеща как звездами своими куполами в лучах солнца”转引自："Поклонная гора", Лев Колодный, «Московская правда», 27 июня 1987 г.

② 原文为：“Напрасно ждал Наполеон.Последним счастьем упоенный, Москвы коленопреклоненной,С ключами старого Кремля.Нет, не пошла Москва моя,К нему с повинной головою...” 转引自："Поклонная гора", Лев Колодный, «Московская правда», 27 июня 1987 г.

图 2-8　拿破仑站在俯首山上远眺莫斯科（图片来自网络）

城的时候，心底涌现了从未有过的兴奋。[①]

在《战争与和平》中，我们还能看到描绘库图索夫元帅在菲里小屋那经典教科书式的插图《菲里的战争委员会》，这是由画家基弗申克创作的（图 2-9）。插图画家施马琳诺夫所绘制的《战争与和平》的插图也是让人过目不忘，拥有很高的知名度，深受人们的喜爱（图 2-10、图 2-11）。风景画家萨弗拉索夫曾从外部对菲里小木屋的环境进行过描绘，孤零零的小木屋淹没在阳光和厚厚的麦浪里，被战争毁损的菲里木屋仿佛向人们诉说着当年战争的残酷与百年岁月的流逝。画面孤寂甚或有些忧伤：一只乌鸦盘旋在空中，压低而厚厚的云层中只透出了一小片蓝天的深远，间接地表达了菲里军事会议紧张阴郁的气氛（图 2-12）。

三、优美的自然环境与历史遗存，适合纪念碑的设立

俯首山除了对莫斯科城的重要历史意义以外，还拥有非常优美的自然生态环境，地形多样，植被丰富。平缓的山坡加上丰富

---

① 据记载拿破仑率领的欧洲联军"按照在俄国众所周知的传统说法，入侵者说的语言达 12 种之多……42 万名士兵跟随拿破仑越过俄罗斯边界，他们面对的只是 12 万名俄罗斯士兵。俄军分为两个军，一支由米和伊尔·巴克雷·德·托里公爵统帅，另一支由彼得·巴格拉齐昂公爵统帅。加上后来到达的增援部队，入侵俄罗斯的军队约达 60 万人。"尼古拉·梁赞诺夫斯基，马克·斯坦伯格．俄罗斯史 [M]. 上海：上海人民出版社，2009.

图 2-9　菲里的战争委员会，基弗申克（作者摄于博罗季诺战争博物馆）

图 2-10　军事委员会后的库图佐夫，《战争与和平》插画，施马琳诺夫（图片来自画册《施马琳诺夫》）

图 2-11 菲里的军事委员会,《战争与和平》插画，施马琳诺夫（图片来自画册《施马琳诺夫》）

图 2-12《菲里木屋》，萨弗拉索夫（图片来自网络）

的植被、高大茂密的树林，能够满足纪念碑综合体对环境的设计需求。优美的自然环境，能够更好地反映俯首山在莫斯科城市历史进程、文化特色上的意义。20 世纪 50 年代这里建立纪念石碑以后，整个俯首山所在的自然生态区被称为"胜利公园"，胜利公园是苏联时期著名的景点公园，平时人们喜爱在公园内乘凉散步，消遣时光。公园总面积大约 130 公顷，山坡的北面种有果树，南面和西面的树木则由二战的英雄、老战士亲手栽植，如今已经郁郁葱葱，成为名副其实的森林公园。大量多样而丰富的植被，这里曾经是莫斯科植树绿化的供给部门，1980 年莫斯科奥运会期间的部分绿化就是从胜利公园移植过去的。

俯首山与附近的其他纪念物共同构筑了一个巨大的纪念区域，拓展了纪念的范畴与观念，这有利于艺术家创意设计的发挥。在俯首山东面不远处，有纪念1812年卫国战争纪念碑——凯旋门，[①] 这是1968年从白俄罗斯火车站迁移过来的。在凯旋门的东侧300米处则是纪念1812年俄法战争博罗季诺全景画博物馆和库图索夫纪念碑以及菲里木屋纪念馆。这些历史纪念物、纪念馆和俯首山共同构筑了一块庞大的历史纪念区域，能够更好地满足艺术家设计上的创意发挥，从更宏观的视角理解纪念的意义。

将这些纪念馆、纪念碑等进行资源再整合，赋予其新的纪念意义，还有助于新的纪念区域的形成。俯首山与周围的纪念体合在一起共同作用，相互铺陈、对应、共同构筑了当代俄罗斯对待历史的宏观叙事。将更多的"时空结合体"联系起来形成一个历史纪念的整体，完整讲述一个民族最灿烂的辉煌与荣耀，这与单体的纪念物有着本质的差别，无疑大大增加了俯首山的历史深度与厚度。

① 凯旋门由俄罗斯建筑师奥西普·波瓦于1827～1834年设计建造。奥西普·波瓦是1812年莫斯科被大火焚毁后恢复并创建莫斯科城市面貌的最重要建筑师之一，是古典主义风格大师。

第三章　胜利纪念碑的设计竞赛

第一节　1942 年、1957 ~ 1958 年的设计竞赛

一、1942 年战时纪念碑友谊赛

1942 年举办的纪念碑友谊赛的背景适逢第二次世界大战最残酷惨烈的时期（1941 年 9 月 ~ 1943 年 2 月），战时纪念碑友谊赛共举办过两次。1942 年 4 月的友谊赛由苏联建筑师协会主办，主要在建筑师、雕塑家中广泛展开。官方当时建议的纪念碑设计主题包括卫国捐躯的英雄、保卫莫斯科的英雄、英雄的列宁格列、卫国战争战士、单独的英雄事件等。从这些建议主题可以看出，纪念碑的选题范围还是很广泛的，囊括了战时最重大的战事和个人英雄事迹。战时人们对于纪念碑设计的积极性很高，参与纪念碑设计的，除了具有专业素养的前线战士、专业设计师等，还包括没有任何专业背景的普通官兵，他们通过书信或其他方式积极建言献策。1942 年战时的《文学与艺术》报中刊登文章称“艺术从没有像今天这样能够激励人心，拥有不可估量无价的价值”[①]

经过两次纪念碑设计友谊赛的热身，1942 年 9 月 8 日，苏联建筑师协会与艺术委员会通过了举行伟大的卫国战争纪念碑设计竞赛的决议。这次竞赛活动内容刊登在 9 月 26 日的《文学与艺术》报上。竞赛的主题包括卫国战争英雄祠、保卫莫斯科的英雄捍卫者、列宁格勒的英雄捍卫者、塞瓦斯托波尔的英雄捍卫者、

---

① “Сегодня, как никогда, важна действенная фунуция искусства, обладавшего неоценимой особенностью воодушевлять людей.” 引自 :《Литература и искусство》, 1942,19 сентября, 转引自 :《Память и время》, Москва, «Галарт», 2011, ст:204.

第28潘非洛夫(苏联英雄)禁卫军、沃洛科拉姆斯克(俄罗斯城市)第八共青团、苏联英雄卓雅、伟大的卫国战争英雄墓、卫国战争游击队英雄祠等。[①]竞赛活动一直持续到1943年的1月，并在3月举行了公开设计方案的研讨活动，广泛听取了群众的意见。并于4月17号的《文学和艺术》报上刊文“英雄的纪念碑”介绍了竞赛情况。这次竞赛的结果：“保卫莫斯科英雄纪念碑”的主题第一名空缺，获得第二名的是萨巴列夫(图3-1)，获得第三名的是米罗维奇(图3-2)。[②]

1942的全苏纪念碑竞赛活动应该说与胜利纪念碑密切相关，是胜利纪念碑诞生的前期基础。首先在设计的主题及目的上已经非常接近胜利这一概念，“莫斯科的英雄捍卫者”、“伟大的卫国战争英雄墓”、“卫国战争纪念碑”等，这些纪念碑所包含的内涵意义都与胜利纪念碑很接近，胜利纪念碑是这些概念的提升。另外在设计语言上，正是因为1942年战时的设计竞赛，尤其是对英雄墓的设计中较早出现了纪念碑综合体的雏形，即纪念碑综合体这一形式发轫于战时对英雄墓的设计，将来胜利纪念碑的艺术形式是与这一时期出现的纪念碑综合体的艺术语言一脉相承的，是在这时期英雄墓的语言基础上发展而来。这种艺术类型的纪念碑注重空间及环境的利用，注重时间空间的设计结构，其中的建筑部分注重纪念的意义与功能，在现代设计中注重建筑艺术结合造型艺术，其中的雕塑艺术扮演着综合体重要的引领与统帅的功能。

较早提出建造纪念碑设想的时候，对于纪念碑的名称和地址有很多的建议与称谓。除了上文提出的胜利纪念碑以外，还有“抗击德国法西斯永恒的纪念”、“卫国战争纪念碑-光荣的先贤祠”、“国旗纪念塔”、“英雄主义的卫国战争”纪念公园等。

地址的选择除了救世主大教堂以外，许多提议者将纪念碑选在了莫斯科红场，这里是国家政治中心，选在这里无疑显示了纪

---

① 《Память и время》, Москва, «Галарт», 2011, ст:207-208.

② 《Из истории Советской архитектуры 1941-1945гг.》,издательство«наука»,Москв а 1978,ст:72.

图 3-1 保卫莫斯科英雄纪念碑，建筑师：萨巴列夫，1942 ~ 1943 年（图片来自俄文版《英雄城市的纪念综合体》）

图 3-2 保卫莫斯科英雄纪念碑 建筑师：米罗维奇，1942 ~ 1943 年（图片来自俄文版《时间和记忆——1941 ~ 1945 年二战艺术档案资料》）

念碑重要的象征性。例如建筑师卢德涅夫设计的卫国战争博物馆（1943 年），为了与周围红场的环境取得协调，将博物馆设计成具有古城堡式样的风格（图 3-3、图 3-4）。

图 3-3 卢德涅夫设计方案（图片来自俄文版《英雄城市的纪念综合体》）

图 3-4 卢德涅夫设计方案内部（图片来自俄文版《英雄城市的纪念综合体》）

建筑师杜什金、潘琴科、希利凯维奇设计的卫国战争英雄祠（1943 年），建筑采用了巨大的圆顶形设计，能够起到统帅空间、组织城市中心的作用，采取借鉴传统圆顶式建筑的做法，不失为纪念物设计的新尝试（图 3-5）。而建筑师扎哈罗夫在尊重自然环境的理念下设计的是雕塑、建筑与环境和谐统一的纪念碑综合体的样式（图 3-6）。

图 3-5 杜什金、潘琴科、希利凯维奇设计方案（图片来自卫国战争纪念馆）

图 3-6 扎哈洛夫设计方案（图片来自卫国战争纪念馆）

二、1957 ～ 1958 年俯首山设计竞赛

1957 年的 5 月，苏共中央正式确立了在俯首山建造纪念碑，将纪念碑命名为“胜利纪念碑”，并委托文化部、国家建委、莫

斯科建设执行委员会举办全苏纪念碑设计竞赛。随后苏联政府在 1957 年 12 月 31 日 ~ 1958 年 7 月 1 日在全苏公开举行了纪念碑设计竞赛。纪念碑设计地址选在莫斯科俯首山，紧邻莫斯科到明斯克的公路边，在将来的胜利公园区域内，总规划设计面积 85 公顷。对纪念碑总体设计要求是应能表现出苏联人民在 1941 ~ 1945 年抗击法西斯、捍卫祖国与家园的完整与幸福，拯救欧洲与亚洲人民免受法西斯的侵略与奴役所建立的伟大功绩；同时还应能表现出苏联党在战争中所起到的组织与领导的核心作用。

纪念碑总体设计应包含的内容有：荣誉厅，主要用于举行盛大的仪式和纪念特别重要的军事团体、游击队联盟、企业和农场、对国防做出重要贡献的单位和战争英雄。在荣誉厅里还应放置战旗和二战期间重要的军事文物。荣誉厅的面积设计最大为 2000 平方米；主入口从莫斯科到明斯克的公路方向展开，在设计中应根据设计思想和设计需要明确主入口的设计方案；设计方案应充分考虑到材质和工程结构，应使用永久性材料，充分利用现代科学技术的优秀成果。还应考虑人行、机动车线路和停车场等公共设施的设计安排。

本次竞赛规定竞标设计者应提供的设计方案包括：（1）按照 1 ∶ 2000 的设计总图；（2）1 ∶ 500 的建筑区域图，包括从马热伊斯基高速公路旁的入口部分；（3）1 ∶ 100 的纪念碑主碑正面设计图；（4）1 ∶ 200 的楼层设计图；（5）1 ∶ 200 的部分必要的分解设计图；（6）纪念碑透视图；[注：（a）提供 1 ∶ 100 的纪念碑模型；（b）提供含主体雕塑部分的环境模型]（7）对建筑结构设计的特点进行注解说明，包括设计方案工程上的造价预算。这些要求对一件纪念碑设计方案来说，已经非常详细，为保障进一步施工做好了必要的准备。

对于设计竞赛的优胜者，一等奖奖励 5 万卢布，二等奖（2 名）奖励 3 万卢布，三等奖（2 名）奖励 2 万卢布，鼓励奖（5 名）奖励 1 万卢布。

此次设计竞赛的评委组成阵容庞大，主要来自艺术界的专家代表、政府官员共 26 人。评委会主席由文化部长米哈伊洛夫担任，副主席由莫斯科城市劳动代表执行委员会主席鲍布罗夫尼科夫担任，其他成员包括阿布罗希莫夫（组委会秘书长、苏联建筑师协会、苏联建筑与建设科学院院士）、瓦斯特科夫（上校、苏联国防部政治部文化部门行政主管）、格里弗里赫（苏联建筑与建设科学院院士）、格拉西莫夫（苏联人民艺术家、苏联艺术科学院主席），格鲁别（白俄罗斯苏维埃社会主义共和国人民艺术家），朱可夫（俄罗斯联邦人民艺术家），约干松（苏联人民艺术家、苏联艺术科学院副主席、苏联苏维埃联盟美术家组委会主席），季巴利尼科夫（雕塑家、苏联艺术科学院院士）、科涅夫（苏联元帅、苏联国防部副部长）、康斯坦丁诺夫（苏共宣传部门主管）、克雷洛夫（俄罗斯联邦人民艺术家、苏联艺术科学院院士）、库普里扬诺夫（俄罗斯联邦人民艺术家、苏联艺术科学院院士）、库切连科（苏联建设事务部长理事会主席）、洛维科（莫斯科主要建筑师、苏联建设与建筑科学院院士）、卢季扬诺夫（建筑师）、奥尔洛夫（苏共莫斯科市委员会秘书）、巴哈莫夫（苏联文化部副部长）、巴利卡尔洛夫（苏共中央负责文化部门主管）、罗马斯（艺术家）、萨卡洛夫（俄罗斯联邦人民艺术家、苏联艺术科学院院士）、斯杰普琴科（中将、苏联国防政治部副主任）、费多罗夫（艺术理论家）、费多罗夫 - 达维多夫（莫斯科大学教授）、施马琳诺夫（俄罗斯联邦艺术活动家、苏联艺术科学院院士）。[①] 评委会成员汇集了众多社会各界精英，显示出政府对纪念碑竞赛活动的重视。

这次竞赛经过全国征选，共收到了 153 件参赛作品，另外还收到了 142 封信件，其中有些作者在信件中手绘了纪念碑的方案设想。

---

① 组委会成员及设计具体要求均见：«Памятник Победы——История сооружения мемориального комплекса победы на Поклонной горе в Москве», Издательство: Голден Би, 2005г, ISBN 5-901124-23-5，с71-74. 在胜利纪念馆档案室的一份文件中评委成员还包括雕塑家武切季奇。

竞赛展品在“高尔基”中央文化公园的展览厅内展出，并广泛听取了参观者的意见。但是经过评委的评选，这次竞赛没有一件作品达到设计要求能够实施。不过经过评选，还是确定了作品获奖的名次，分设了一、二、三等奖（一、二、三等奖获奖作品见：图 3-7 ～图 3-9）各一名和 4 ～ 8 名的鼓励奖（图 3-10、图 3-11）。

通过这次竞赛，评选委员会得出一致结论，这样重大题材的创作不可能通过单个的雕塑或者建筑表达如此重大的意义，必须通过多种艺术手段、纪念综合体式的语言才有可能实现设计要求，通过象征式的艺术手段，构成一个完整的纪念综合体。① 评委们针对这次比赛评价说，一些天才的雕塑家采用了“安魂曲”式的象征手法，塑造了一个个象征性的痛苦的人物形象，这些是因为艺术家没有很好地理解设计要求。评委们针对设计要求，还给出了优秀的参考案例，古代的例子可以参考雅典卫城，现代的例子可以参考柏林特雷普特公园的苏军纪念碑综合体设计。

图 3-7 《英雄的人民》，建筑师：金斯伯格、菲列尔，艺术家：施特曼（图片来自《莫斯科建筑与建造》杂志，1958 年，第 11 期）

① 详见："Всесоюзный конкурс на лучший проект памятника Побыды", А. Халтурин, «Архитектура и строительство Москвы», № 11 1958 г。

图 3-8 《金星》，建筑师：马林诺夫斯基、米列茨基、斯基彼茨基、苏马尔、沙拉诺夫，雕塑家：阿斯纳奇（图片来自《莫斯科建筑与建造》杂志，1958 年，第 11 期）

图 3-9 《你好，和平！》，建筑师：别古茨、格里申、科瓦里丘克、马卡列维奇、列兹尼琴科，雕塑家：科尔贝（图片来自《莫斯科建筑与建造》杂志，1958 年，第 11 期）

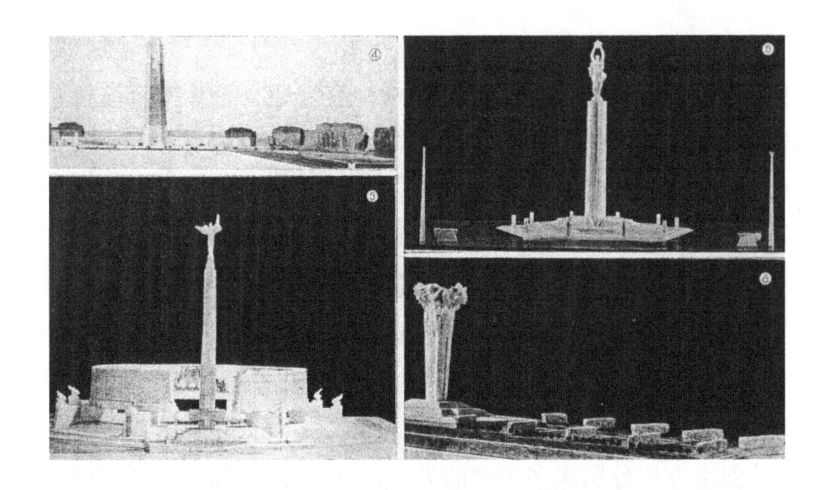

图3-10 分获4～8名的鼓励奖作品（图片来自《莫斯科建筑与建造》杂志，1958年，第11期）

图3-11 分获4～8名的鼓励奖作品（图片来自《莫斯科建筑与建造》杂志，1958年，第11期）

本次评委们总结的不足之处还包括没有很好地对环境加以利用，胜利公园环境优美，地形多样，有坡地、森林等植被覆盖，设计上可以将这些元素很好地加以利用，将设计方案和环境融合，更好地表达纪念碑的内涵和对观众进行引导，使其慢慢进入纪念设计的情感角色，进而达到纪念碑设计的目的。另外这次比赛许多设计手段元素过于单一死板，缺乏活力，如过于对称性的艺术形象的设计，形态也很单调，不能调动观众的感官情绪。本次比赛虽然就这样无果而终，但是却使设计者及组织者意识到纪念艺术综合体是符合这种题材要求的艺术形式，应该采用“交响乐”式的叙事方式分层次多角度的表现，这样才有可能达到胜利纪念碑设计的总体要求。

从20世纪60年代一直到70年代中期，苏联政府将胜利纪念碑的设计任务交由雕塑家武切季奇负责。60年代末期，武切季奇曾设计了一套较为完整的方案，但是在苏联政府最终的审核中被否决了。武切季奇逝世之后此项工作交由雕塑家托姆斯基负责。一直到70年代末的1979年才重新开启了全苏纪念碑的公开竞赛。

第二节 《胜利的旗帜》（1979 ~ 1983年）设计方案

一、1979年托姆斯基方案《胜利的旗帜》

胜利纪念碑综合体的设计任务在托姆斯基接手以前，主要由苏联人民艺术家武切季奇[①]（1908 ~ 1974年）领衔的创作团队负责。“1974年武切季奇逝世后，胜利纪念碑的设计团队则

---

① 武切季奇，叶夫根尼·维克托洛维奇（1908 ~ 1974年），苏联纪念碑雕刻艺术家，苏联人民艺术家（1959年）、苏联艺术科学院副主席（1970年）、社会劳动英雄（1967年），五次斯大林奖金获得者（1946 ~ 1950年）、列宁奖金获得者（1970年）。参加过卫国战争，卫国战争二级勋章获得者。

由当时苏联艺术科学院院长托姆斯基负责主持”。[1]托姆斯基（1900 ~ 1984年）[2]是苏联时代的纪念碑雕刻家，其代表作品有列宁格勒基洛夫纪念碑（1938年）、莫斯科大学罗蒙诺索夫纪念像（1954年）和柏林的列宁纪念碑（1970年）等。以他在社会上的威望与地位，政府当局委托托姆斯基领衔胜利纪念碑的创作任务，比较符合苏联大型纪念碑设计创作的惯例。

1979年6月4日，托姆斯基受苏联政府委托和其他三组艺术家分别对胜利纪念碑进行设计。第一组由雕塑家托姆斯基、建筑师戈卢博夫斯基、科拉别利尼科夫、美术家科罗列夫负责（图3-12 ~图3-14）；第二组由雕塑家亚历山德罗夫、建筑师波索欣负责（图3-15、图3-16）；第三组由雕塑家斯米尔诺夫、建筑师古特诺夫、卢萨科夫；以及雕塑家克雷科夫、建筑师斯涅吉列夫、古德科夫、谢梅尔吉耶夫负责。[3]

其中托姆斯基领导的第一组设计方案如图3-12 ~图3-14所示。方案名为《胜利的旗帜》。方案设计主入口是从胜利广场进入，设计方案的范围界限划在当时西面存在的建筑以外，这可以保证从入口处进入有很好的视野。宽阔的入口大道可以组织大型而隆重的入场仪式，入口处的花坛沿着宽阔而缓慢的小山丘贯穿着整个入口大道。

---

① Памятник Победы история сооружения мемориального комплекс победы на поклонной горе в Москве сборник документов 1943-1991гг. Москва,2004г. Комитет по телекоммуникациям и средствам массовой информации Правительства Москвы.с268.

② 尼古拉·瓦西里耶维奇·托姆斯基（1900 ~ 1984年），苏联人民艺术家（1960年）、社会劳动英雄（1970年）、五次斯大林勋章获得者、列宁奖金获得者（1972年）、苏联国家奖金获得者（1979年）。苏联艺术科学院院长（1968 ~ 1983年）、民主德国共和国艺术科学院成员。

③ Памятник Победы история сооружения мемориального комплекс победы на поклонной горе в Москве сборник документов 1943-1991гг. Москва,2004г. Комитет по телекоммуникациям и средствам массовой информации Правительства Москвы.с201.

图 3-12 俯首山胜利纪念碑方案《胜利的旗帜》，1979年（图片来自网络）。雕塑家：托姆斯基、叶杜诺夫，建筑师：戈卢博夫斯基、科拉别利尼科夫，美术家：科罗列夫

图 3-13 纪念碑主碑与人的比例关系图（图片来自网络）

图 3-14 纪念碑整体俯瞰效果图（图片来自网络）

图 3-15 雕塑家亚历山德罗夫、建筑师波索欣设计方案，1979 年（图片来自网络）

图 3-16 胜利纪念碑主碑效果图（图片来自网络）

设计方案入口广场右边的花岗石墙面上雕刻的是“德国法西斯侵略苏联”的文字，拉开神圣卫国战争的序幕。在花岗石时钟指针停止的断面上，永远停留在战争开始的时间：1941 年 6 月 22 日凌晨 4 点。周围同时播放着第一首战争歌曲《起来，大国》，号召引领人民去保卫祖国。广场左边是保卫莫斯科战争纪念馆。

馆中建有《保卫莫斯科》透景画和圆形的《攻克柏林》[①] 的全景画，还有卫国战争期间的历史文物等展品。纪念馆中设有名人、政要签字留念的贵宾厅，馆前侧的广场则用于展示缴获的武器等战利品。

穿过入口广场后是中心组合广场。从这里可以俯瞰战争和劳动光荣广场。广场建筑以雄伟的柱廊式结构呈现，两条红色的墙面涵盖了整个广场的长度。左边墙的主题是“军人的荣耀”，红色的背景墙上展示的是战争期间的勋章和奖章，奖章材料用白色的大理石表现。在奖章和勋章之间刻着卫国战争中兵团、海军和炮兵师、杰出的军队和前线英雄战士的名字；右边墙上展示的是战争期间的劳动勋章和奖章，上面刻有工厂、研究机构、设计局、集体农庄、国有农场等对作战部队的设备、技术、食品做出贡献的机构名称。两堵墙象征着前线和后方的整体统一。中心组合广场两边是几组高 4 米的雕塑，表现的是卫国战争中具有决定性作用的几次战役。从山丘顶部通往下面的中轴线上，还有一组 5 ~ 6 米高的“战士 - 劳动者”雕像，他们迈开的步伐，象征着正走向通往战争荆棘的路上。从这组雕像拾级而上，沿着宽大的花岗岩石阶到达最顶端的胜利广场，上面矗立着象征性的“胜利的旗帜”主雕，高达 100 米。保存完整的山丘和大坡度的斜坡上巨大混凝土雕塑让人联想到艰苦的战争岁月。山丘顶端设有供游人散步的小路，可以俯瞰库图索夫大街的全景。

山丘顶端的内部设计有纪念厅。纪念厅四周的墙上，装饰的是战争期间的旗帜。厅中央摆放的是插在德国议会大厦上面象征苏军胜利的旗帜。它的下面摆放着德国法西斯无条件投降的协议书。胜利纪念日可以在广场上举办盛大的聚会，在列宁的旗帜下举行军人宣誓，还可以在这里会见卫国战争老战士等。广场夜间采用探照

---

① 1945 年 4 月 30 日，苏军第 150 师 756 步兵团的侦察兵耶科洛夫和侃达利亚把胜利的旗帜树立在德国的议会大厦上。象征性地体现了苏军胜利的时刻，体现了作为军旗所具有的所有意义。当时正值猛攻柏林之际，战争持续到 5 月 1 日的早晨，剩余的抵抗势力到 5 月 1 日的夜里投降。

灯照明以突显中心雕塑设计的外轮廓，并设计有音乐的伴奏。

设计方案最后部分是“和平小径”，寓意人们应该珍惜来之不易的和平，崇尚和平，远离战争，这对于苏联人民乃至全人类来说都是最宝贵的精神财富。①

1980年，莫斯科马涅日展厅举办了纪念碑竞赛方案展览。包括莫斯科劳动机构代表在内的许多民众参观了展览。苏联文化部、建设部和莫斯科城市执行委员会从中选定了由建筑师波索欣和雕塑家托姆斯基两组方案进行优化。②经过修改，1981年2月29日，苏联文化部和苏共莫斯科城市委员会提请苏共中央委员会批准，表示修改方案达到了很高的设计要求。③1982年2月23日，苏共中央委员会秘书处指示该设计方案的雕塑家和建筑师应在1982年4月份完成设计方案定稿工作。④但是由于托姆斯基长期生病，方案定稿工作进展缓慢。

托姆斯基与建筑师戈卢博夫斯基等于1979年主创的设计方案，通过建筑师手工绘制的效果图（见书后彩图3-17，以及图3-18～图3-24），我们可以看到纪念碑的整体与局部设计构想均已经非常详备，在观赏视角、比例、光源与灯光、浮雕墙、整体气势与局部环境的关系等方面都进行了研究，不但使观众能够感受到纪念碑综合体的整体宏伟效果，而且在局部内容上也一丝不苟，极为详尽。

---

① 详见：Памятник Победы истоpия сооружениa мемориального комплекс победы на поклонной горе в Москве сборник документов 1943-1991гг. Москва,2004 г . Комитет по телекоммуникациям и средствам массовой информации Правительства Москвы.с207-212.

② Гришин В.В. Катастрофа. От Хрущева до Горбачева, М: Алгоритм, Эксмо, 2010, 272стр, Серия : Суд истории, ISBN：978-5-699-416400.

③ Памятник Победы история сооружения мемориального комплекс победы на поклонной горе в Москве сборник документов 1943-1991гг. Москва, 2004г. Комитет по телекоммуникациям и средствам массовой информации Правительства Москвы.с206.

④ Памятник Победы история сооружения мемориального комплекс победы на поклонной горе в Москве сборник документов 1943-1991гг. Москва, 2004г. Комитет по телекоммуникациям и средствам массовой информации Правительства Москвы.с 215.

图 3-18　戈卢博夫斯基胜利纪念碑手绘方案（图片来自胜利纪念碑档案馆）

图 3-19　手绘方案局部（图片来自胜利纪念碑档案馆）

图 3-20　戈卢博夫斯基手绘胜利纪念碑效果图（图片来自胜利纪念碑档案馆）

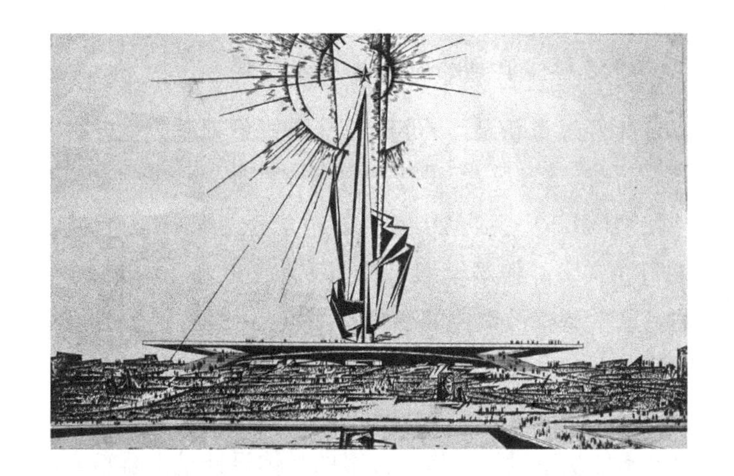

图 3-21 戈卢博夫斯基手绘纪念主碑（图片来自胜利纪念碑档案馆）

图 3-22 戈卢博夫斯基手绘浮雕墙效果图（图片来自胜利纪念碑档案馆）

图 3-23 戈卢博夫斯基手绘浮雕效果图（图片来自胜利纪念碑档案馆）

图 3-24 戈卢博夫斯基手绘浮雕效果图（图片来自胜利纪念碑档案馆）

二、1983 年《胜利的旗帜》改进方案

1983 年经过重新设计的胜利纪念碑托姆斯基改良方案公开展示在世人面前。经过重新设计的方案文本非常详备：建筑部分说明 18 页、雕塑部分说明 20 页、设计方案二维图纸 68 页以及详细的说明性文字。雕塑模型是按照 1 ∶ 100 和 1 ∶ 25 两个比例制作的。这次调整最重要的变化有两点：一是将卫国战争纪念馆建在地面以上，由建筑师波良斯基[①]负责领衔设计。二是对主题纪念碑的方案进行了重新设计。此时托姆斯基于身体健康原因，实际上已不能从事设计工作，方案的具体设计是由雕塑家基留欣和切尔诺夫（1935 ~）完成。经过重新设计调整的方案朝向东北方的莫斯科红场，把周边现有的历史纪念碑、纪念物，如纪念 1812 年俄法战争的凯旋门、全景画《波罗季诺战役》纪念馆、凯旋门等联系起来形成一个整体纪念区域，将胜利纪念碑综合体的纪念区域拓展到以围绕俯首山为中心向周边辐射的巨大范围。

1983 年的改良方案从入口处的“战争岁月”大道到达胜利纪念碑广场为 500 米，中间分为五个喷水池，象征 5 年的战争岁月。从中心纪念碑向四周呈放射状设计 10 条小路，它们的命名都与战争相关，如保卫莫斯科路、战士之路、空军之路、老战士之路等。与这些小路相交还设计了一条环形路，以贯穿十条放射状的小路，名为“记忆之路”（图 3-25、图 3-28，以及书后彩图 3-26 ~ 3-27）。

广场中心的主体雕塑《胜利的旗帜》（见书后彩图 3-29），按照视觉原理设计为 72 米[②]（有些资料中为 83 米，[③]本书取较为多

① 波良斯基，安纳托里·特罗菲莫维奇（1928 ~ 1993 年），苏联建筑师，苏联国家奖金获得者（1967 年）、建筑学博士（1970 年）、苏联艺术科学院院士（1979 年）、苏联人民建筑师（1980 年）、苏联建筑师协会管理委员会第一书记（1981 ~ 1987 年）。

② http://synthart.livejournal.com/217953.html 转引自：«Наука и жизнь», №05-1985。

③ Памятник Победы история сооружения мемориального комплекс победы на поклонной горе в Москве сборник документов 1943-1991гг. Москва,2004г. Комитет по телекоммуникациям и средствам массовой информации Правительства Москвы.с223.

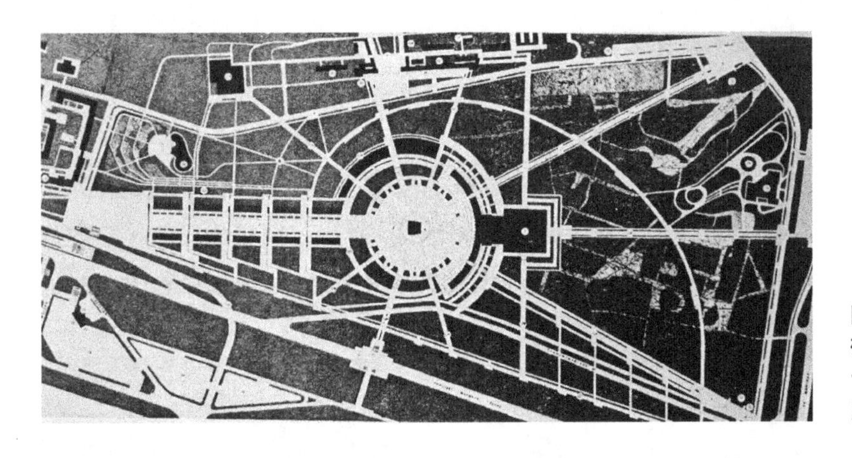

图 3-25 胜利纪念碑综合体规划图，1983 年（图片来自网络）

图 3-28 胜利纪念碑与卫国战争中心纪念馆侧效果图，1983 年（图片来自胜利纪念馆）

见的 72 米），分为旗帜、人物群雕和底座三个部分，并分别按照 1.4 : 0.9 : 1 的比例关系分割。旗帜上刻有列宁头像浮雕，人物群雕采用象征手法表现胜利者的形象。整体雕塑外立面拟采用红色的花岗岩材料“拼接”完成。石材选用乌克兰红色花岗岩，部分将采用乌克兰耶梅利亚诺夫斯克红色花岗岩。还包括俄罗斯原产的大理石、卡雷利亚石等。为了达到材料的对比和色彩的丰富性效果，还设计局部采用青铜和镀金的手段与石材相结合。

主题雕塑的后面是卫国战争纪念馆，建筑独特的弧形设计象征着卫国战争苏联人民的功勋。荣誉厅中陈列着柏林议会大厦上的《胜利的旗帜》，镌刻着 12400 个苏联英雄的名字和所有的奖章、勋章。圆厅的顶部是金色的花环和贵重石头组成的胜利勋章的图案。内饰用彩色玻璃（或彩色石头）镶嵌表现红场阅兵和节日焰火、红旗以及战争胜利的场面，还包括苏联及其加盟共和国的国徽图案等。荣誉厅的墙上刻有战争历程，厅中摆放有苏军赢得胜利过程的纪念品、陈列品，其中包括后方所有为卫国战争付出的工人、农民、知识分子等各阶层的历史实物。纪念馆中另有六幅透景画，以纪念六次重大转折性的战役:《莫斯科保卫战》、《列宁格勒守卫战》、《斯大林格勒大会战》、《库尔斯克战役》、《穿越第聂伯河》和《攻克柏林》（图 3-30、图 3-32，以及书后彩图 3-31）。

图 3-30 卫国战争纪念馆内部装饰效果图（图片来自胜利纪念馆）

图 3- 32 卫国战争纪念馆序厅装饰效果图（图片来自胜利纪念馆）

胜利广场中心红色主雕与后面的金色弧形圆顶的卫国战争纪念馆看上去就像红色的旗帜沐浴在金色的阳光下，这种设计思想有着深远的政治寓意。

第三节 1986 ~ 1991 年的设计竞赛

1984 年 11 月，托姆斯基病逝。胜利纪念碑的后续工作主要交由建筑师波良斯基负责。因托姆斯基设计方案遭受了很大的社会阻力，来自社会各界反对的呼声很高，因此政府决定重新在社会上公开征集作品，举行纪念碑主碑的设计竞赛。

1986 年秋，苏联政府举办了规模宏大的胜利纪念碑全国设计竞赛。竞赛共收到 384 个设计方案和 506 个平面设计方案，另外还有超过 500 封设计方案的建议书信。所有的方案、画稿、建议书从 1987 年 1 月 15 日 ~ 2 月 15 日在中心展览厅展出。这次展览共有 14.5 万人次参观了展览，留下了 37925 条评论和意见。这次竞赛因设计时间过短（4 个月）、竞赛条件限制过多（针对现有成形的建筑环境条件进行设计）等，经过评审团最终评审，遗憾没能选出可以深化实施的设计作品，并决定本次竞赛不做名次评选。

艺术科学院主席、评委会主席乌加罗夫这样评价这次的全国竞赛：

“……我想，我们举办公开的设计竞赛是正确的决定，这与时代的精神要求相符合并有希望开创新的东西，不管怎样，以前的设计具有很重要的意义，唤起了人们对于伟大的卫国战争历史和对艺术的兴趣，吸引了很多的参赛者，当前我们要将这种艺术中巨大的爱国主义使命延续。”①

对于已经在建的项目和将来的设计，乌加罗夫从艺术家的角度做出了客观的评价和设想：

“……现在我们坐享唯意志论主导下，一个人可以为所有人做决定的成果。当然，走出这一状态我们需要最少的道德损失。我们经历伟大的爱国战争的老兵们很着急，他们在等待，什么时候人民的功勋记忆将名垂千古。因此，我们接受了非常正确

---

① 原文为："-----Думаю, принято правильное решение о проведение открытого конкурса. Это согласуется с духом времени и дает надежды открыть новые имена...И все-таки прошлый конкурс сыграл свою большую роль: поднял интерес людей к истории Великой Отечественной войны и к художественной стороне дела, привлек много участников. И нынешний будет продолжением этой огромной патриотической миссии искусства." 引 自："Новый конкурс на памятник Победы", Н. ПОЛЕЖАЕВА, «Московская правда», 23 июля 1987 г.

的决定——完成胜利公园的建造，讨论如何使用俯首山在建的建筑。

还有一点结论在我看来很重要，纪念碑主碑设计经历了艺术界以浮夸宏大为主流的时期，将来的纪念碑完全不需要巨大的体积。应该是艺术内涵上的宏伟，能够为英勇和英雄的胜利人民讴歌的作品。”①

正如乌加罗夫所言，虽然这次竞赛没有选出优胜者，但是政府组织的展览和报道已经起到了发酵作用，展览结束后，民众焕发出巨大的热情，纷纷写信到国家和社会相关机构、报纸、电视台等部门，畅言他们对将来胜利纪念碑的设想、胜利纪念碑理应达到的社会效果和情感认同。

一、1987 年及 1989 年设计竞赛

1987 年 7 月 21 日，苏联文化部召开记者招待会，公开将举行新一轮胜利纪念碑综合体竞赛的消息。本次竞赛修改了 1986 年竞赛时间短、限制多的规则，对设计时间也充分放宽，并不对设计选址等前提作出规定，参赛者可以根据自己的设计在莫斯科任选地方。随后苏联《真理报》、《莫斯科晚报》、《莫斯科真理报》、《消息报》等各大新闻报纸对这一事件进行了广泛报道。

1987 年 9 月 1 日，政府正式公布举行新一轮（第五次）的胜利纪念碑选址及设计竞赛。竞赛条件发表在《苏维埃文化报》和

---

① 原文为："-----Сейчас мы все вместе пожинаем плоды того времени, когда господствовал волюнтаризм, когда один человек мог решать завсех.Конечно, выйти из этого положения нужно с наименьшими моральными потерями.Нас торопят ветераны Великой Отечественной войны, они ждут, когда будет увековечена память о подвиг народа.Поэтому и принято очень верное решение----завершить формирование парка Победы, обсудить, как использовать строящиеся на Поклонной горе здания. И еще один важный, на мой взгляд, вывод нужно сделать.Главный монумент разрабатывался в период, когда в искусстве господствовал помпезный стиль, гигантомания.Будущий монумент вовсе не должен быть большим по объему.Пусть он станет великим по своему художественному содержанию, достойно воспевающим мужество и героизм народа-победителя. " 引 自："Новый конкурс на памятник Победы", Н. ПОЛЕЖАЕВА, «Московская правда», 23 июля 1987 г.

《莫斯科真理报》等媒体上，并印刷成2000多份材料分送至各加盟共和国及地方上的美术、建筑联盟机构。1987年12月，又邮送1500份材料给每一位预定的作者。这次竞赛最终约有60个方案建议将纪念碑选址设计在莫斯科,其中70%建议安置在俯首山，另外30%建议安置在马涅什广场和“莫斯科”游泳馆区域。竞赛评审团主席为苏联艺术科学院院长乌加罗夫。第一轮竞赛于1988年3月1日结束，参赛作品于3月1日～5月1日在莫斯科中心展厅展出，并对第一轮评选出的前10名优胜者颁发证书和每人5000卢布的奖金。

此次竞赛值得一提的设计作品是波良斯基设计的纪念碑方案《胜利以和平的名义》(见书后彩图3-33～3-35)，纪念碑高度达100多米，方尖碑尖尖的顶端上面是苏联国徽，方尖碑整体造型借鉴了克里姆林宫钟楼的设计，在纪念碑下面正前方是一组三人的雕塑，一名战士和一名母亲怀抱孩子。建筑师一改托姆斯基方案旗帜的巨大体积、人物众多的“雕塑手法”，将克里姆林宫钟楼的造型进行简化概括，形成了整体建筑感强、较为简洁的方尖碑的新形式，在前景的人物雕塑中，也没有将列宁和旗帜的形象放进设计中，使人耳目一新。

波良斯基的设计是对托姆斯基方案的修正，避免了托姆斯基方案中巨大的人物雕像及旗帜造型带来的负面后果，也是第一次直观地体现了方尖碑垂直和纪念馆水平的结构关系，并对方尖碑与前景人物雕塑的关系做出了尝试性的界定。虽然波良斯基方案没有被采纳实施，但是无疑对以后高大垂直的纪念主碑设计提供了很好的参考依据，并对纪念碑与前景人物雕塑的比例、体量等关系做出了有益的探索性尝试，这些因素对以后胜利纪念碑的最终设计起到了重要的参考作用。

1989年2～3月，莫斯科马涅什中心展厅公开展出了第二轮(第二轮竞赛在第一轮中标方案基础上展开，于1988年8月30日结束，之后于同年10月对以上方案进行了总结)。全俄胜利纪念碑选址与方案作品展,展示了由第一轮获胜者设计的11件方案，其中方案（1）和方案（10）被认为相对较好，两个方案均选择了俯首山为方案的设计选址。

方案（1）是雕塑家克雷科夫（图 3-36）团队设计的，他们在艺术上拥有成熟的思想和技术经验，大量运用象征性的手法，利用各个建筑单元相互之间的协调关系，表达了胜利这一概念。设计高度为 70 米，最顶上矗立着金色的母亲雕像，手中举着苹果树枝，象征和平与胜利的季节；下面的金色球体象征着太阳，拱形入口上端的建筑立面上以浮雕的形式反映建造的目的和思想，使观众一看就明白设计所要表达的内容和创意。整体设计

图 3-36 克雷科夫设计方案 1988 ~ 1989 年（图片来自《莫斯科建筑与建造》，1989 年，第 9 期）

使人联想到传统俄罗斯教堂钟楼的形象，已经摆脱了列宁、旗帜、战士等苏联时代浓郁的符号特征。设计方案显示出作者成熟的设计技巧和对象征性元素的综合把握和利用，设计作品显示出永恒、不可侵犯的尊严感。

方案（10）的设计者是刚刚从莫斯科建筑学院毕业不久的大学生团队，由涅克拉索娃（图 3-37 ~图 3-39）等 8 人组成[①]，纪念碑设计雏形诞生于还在大学读书期间[②]，他们的优势是能把握住时代的脉搏，设计大胆犀利而富有想象力。作者将现有的纪念馆主建筑高度作为胜利广场绝对标高的零点来处理，即把纪念馆前面现有广场垫高，使地坪高度与纪念馆的主建筑相平，只露出了纪念馆最顶端的拱形穹顶。在纪念馆和设计的纪念碑之间是一条隔断空间，设计有分别进出纪念馆和纪念碑的人行通道（图 3-37）。这个设计是他们于大学读书期间在任课教师的指导下进行的。这是一个大胆而富有艺术想象力的设计。

方案（10）纪念碑主碑的设计一改以前任何方尖碑或者人物雕塑等形式，采用了圆拱形教堂的造型元素，让人与传统教堂的纪念性和神圣性产生联想共鸣。设计高度 120 米，圆拱形柱共四组分列于东西南北四方，每组共 7 个相似形的圆拱形柱大小相套，其中每组的 7 个拱形柱又可以分为大小两组，大的共 4 个一组，形成了设计方案的大空间和造型特征；小的共 3 个一组，位于较低的高度，形成了入口空间及对大拱形的延伸和对映，与观众的关系较为密切（图 3-38）。柱廊是空透的，因此整体设计通透、明亮，柱廊间随着光影变化形成多变的光影效果。以此象征春天与胜利，

---

① 由 Татьяна Некрасова, Игорь Метелев, Ольга Баскакова, Нина Ефимова, Татьяна Орлова, Александр Гликман, Алла Желявова, Марина Попова 等共 8 人组成。

② 1985 年，莫斯科建筑学院三年级学生塔基扬娜·涅克拉索娃和阿拉·热利亚鲍娃共同完成了斯摩棱斯克卫国战争纪念馆的设计作业，这成为以后莫斯科胜利纪念碑设计的基础。1987 年，塔基扬娜·涅克拉索娃以《莫斯科俯首山胜利纪念》作为毕业论文通过了答辩，指导教师是马尔科夫斯基（俄罗斯联邦建筑师）和施姆科（建筑学副博士、莫斯科建筑学院教授），并将论文主要部分作为参加全苏设计竞赛的方案进行了第一轮的角逐。1988 年竞赛作品在其他等几人的参与下进入前 10 名，并获得了进入第二轮竞赛的资格。1989 年，他们参加竞赛编号的 10 号作品进入决赛。

图 3-37 涅克拉索娃等设计方案 1988 ~ 1989 年(图片来自《莫斯科建筑与建造》,1989 年,第 9 期)

图 3-38 方案主碑效果图(图片来自《莫斯科建筑与建造》,1989 年,第 9 期)

表达了作者对胜利的理解。巨大的拱形从外部看基本没有任何装饰细节，整体呈白色，这是东正教堂的颜色。拱形柱廊尺寸宽度可达 5 米，通透的内部空间装饰以浮雕、马赛克、文字、鲜花等内容，卫国战争英雄的雕塑分散设立在周围，被鲜花和绿草环绕，这样的半围合空间设计就像一个惬意宜人的“雕塑花园”。拱形建筑内部最高的刺刀形方尖碑上飘扬着胜利的旗帜，它的旁边有两个高低有序象征胜利的守卫战士，地面的空间主题是悲痛的母亲雕像，这是整体设计的点睛之笔。雕像的背后以高高升起的拱形柱廊做背景，似乎也是雕像人物精神的升华。作者希望表达的主题与内容是永恒的荣誉与永恒的悲哀，两个永不分离、极度矛盾与统一、“悲欣交集”式的情感结合。在中心空间内部靠近刺刀形方尖碑旁设计有通往纪念馆的通道。这样的设计相对于方案 1 的外形轮廓的严谨，形成了鲜明的对比（图 3-39），在以往苏俄纪念碑的设计中极为少见。[①]

10 号设计将地面的高度又恢复到夷平俯首山前的高度，将俯首山重新回填的做法或许是为了补偿人们对俯首山被夷平的抱怨与遗憾，或许是设计师向往之前俯首山还在的样子，希望“还原”俯首山原本的面貌。不管怎样，这一方案充满了原创力，是年轻人一次大胆的尝试。并赢得了很多民众的喜欢和专家的认同，补偿了人们心中俯首山被夷平的遗憾。

一方面纪念馆及胜利公园的建设工作没有停止，另一方面对于公布的设计竞赛的选址等条件也未做出限制，这两者之间存在着逻辑矛盾。对于这种普遍的质疑，莫斯科市执行委员会副主席施劳普列叶夫发表于《莫斯科晚报》上的采访稿回答了记者的疑问，“这个我想要从二战胜利之初进行澄清。库图索夫大街有着非常独特的历史价值，加上几十年来传统智慧实践的积累，莫斯科人类学家、主管机构的专家们已经确定，通往莫斯科的几条道

① 参见："Накануне выбора?", Михаил Уткин, «Архитектура и строительство Москвы », 09.1989 г .

图 3-39 方案内部效果图（图片来自《莫斯科建筑与建造》，1989 年，第 9 期）

路经过的山丘，就是我们称为‘俯首山’的地方。历史上在马热斯基大道转折的制高点处，人们曾面向莫斯科城俯首致礼。而如今胜利公园范围内的其他山丘，正是大地测量学意义上的‘俯首山’，也是在 1943 年的方案中第一次被命名的……一年前，围绕俯首山的纪念方案展开了激烈的争论，纪念馆的工作也一度暂停。

后来经过计算，如果暂停建设工作直到其命运解决之前，还需要800万至1000万的维持费用，如果之后重新开启建设工作，又需要大概500万的启动费用，这经济吗？……不排除可能有更加成功的纪念馆的设计出现，但是为了一个‘更加让人喜欢’的方案，很难再去讨论将目前实施的方案进行拆除……新竞赛不对作者进行任何条件的创意限制，可以安排在莫斯科的任何地方。当然，对于目前俯首山的建设现状，我们不给创作者任何偏好的引导。我们的任务是完成正在进行的建设项目，美化俯首山，使它能够尽早地对观众开放。”①

此前胜利纪念碑主碑非常复杂的基础工程也在进行当中，巨大的混凝土基础已经浇筑地下，因为纪念碑设计的超常难度使主碑基础工作推进异常艰难。由于已经公布了新一轮的主碑设计竞赛，以前方案的基础工程再继续施工下去已经没有意义，1987年6月，纪念馆包括纪念碑主碑的基础部分已经停工，地面部分准备用石板遮盖铺平，使纪念馆前面成为一个整体的广场。它在等待将来的一天，等待新的纪念碑工程基础施工到来的那天，等待新旧两个基础浇合在一起，成为一个新的整体。那时苏联和俄罗斯两个完全不同时期设计的纪念碑的地下基础合二为一，是苏俄解体与转型的历史见证，更是苏俄同根性的象征。

同时被停工的卫国战争纪念馆的建造已经进入中心圆顶大厅的顶部结构施工，内部完成了22000平方米的石材铺设工作②，进入供暖、供电等总管设施的铺设。此时的工地上显得凌乱而平静，胜利纪念碑的前途蒙上了一层厚厚的迷雾。它坎坷的命运更加牵动着每一位老战士的心，包括专家在内的人们谁也无法预测胜利纪念碑的将来是什么样子，似乎这是一个巨大的谜团，一个时代无法破解的谜团，只有时间才能构建它将来的形象，只有耐心等待才是最明智的选择。

---

① "Судьба горы поклонной", Ю. А. ШИЛОБРЕЕВ, «Вечерняя Москва», Интервью,14 сентября 1987 г.

② "Еще раз о Поклонной", С. СИНЯВИН, «Советская культура», 9 мая 1987 г.

二、20世纪80年代末期关于纪念碑主碑方案的提议

1）武切季奇柏林纪念碑迁回的动议

除了俯首山改造的争论以外，当时还有两个设计提出来作为竞选和补充方案：回迁柏林武切季奇特列坡托夫公园《胜利战士纪念碑》的动议和1991年竞赛优胜者雕塑家阿尼库申方案。

回迁柏林特列坡托夫公园《胜利战士纪念碑》方案的提议是在20世纪90年代初的国际环境下，东欧纷纷背离华约转而投入北约的怀抱，当时东欧的苏军纪念碑被破坏严重，此时将柏林的纪念碑迁回符合政府和很多老百姓的意愿。这是一座非常优秀的纪念碑，代表了苏联纪念碑的最高成就。老战士是该方案回迁的主要支持者，他们不辞辛劳地写信、上访，他们的声音表达真切而感人："把特列坡托夫的阿廖沙迁回到俯首山吧，我们完全就是他这样的人"。[①] 但是，老战士的呼声不能代表专家和评委的意见，也不能代表所有人民大众，更重要的是，50年前的纪念碑不能满足人们在20世纪90年代对胜利纪念碑的期待，这意味着武切季奇方案的重建或者回迁都不可能代替新的胜利纪念碑，在某种程度上重复也是对几十年来纪念碑设计竞赛的否定，几十年前的纪念碑无论从观念和技术以及材料等方面都应该被超越，才能达到莫斯科胜利纪念碑的设计要求。

2）阿尼库申设计方案

来自彼得堡的雕塑家阿尼库申在1991年的设计比赛中赢得了第一名。阿尼库申一改多数参赛者将纪念碑设计成英勇战士的形象来象征胜利，而是设计为一名母亲怀抱婴儿的形象来诠释对胜利的理解。按照苏联传统纪念碑形式与象征关系的解读，母亲可以用来象征祖国，婴儿是未来的象征。这样对胜利的解读相对于英武的战士与飘扬的旗帜，显得更加曲折与含蓄，更具母爱与柔性。虽然阿尼库申设计的方案获得了竞赛第一名，

① "Поклонная гора: Время собирать камни?", А. ШУГАИКИНА, «Вечерняя Москва», 7 май 1990 г.

但是这并非是一个可以用来实施的方案，并且遭到来自老战士和民众的许多批评。主要是这一方案没能表现出伟大的卫国战争胜利的气概与荣耀，母亲与孩子的形象倒是平添了一份淡淡的忧伤。再说“母亲与孩子”这样象征性的纪念碑在苏联时代就像战士与旗帜一样，多得不胜枚举，人们已经对这样“老套”的手法不再感到新奇，最终还是没能跳出习惯性、程式化的模式。这怎么能够作为胜利纪念碑的主碑设计呢！因此这次结果与其说阿尼库申幸运地获得了第一名，不如说那些已经成为概念化象征意义的形象不能再打动观众。但是艺术创新，什么样的形象能够承载以极大的沉重代价换来的无上欢欣与光荣的胜利，这似乎是一个无解的问题。

三、纪念碑设计竞赛的评价

乌特金在谈到为什么当时雕塑竞赛没有能够选出优秀方案时，曾正确地指出：“没有道德的完善，没有理想，没有理解伟大的胜利，没有为和平献出生命的数百万英雄主义的思想。”① 这句话形象而具体地说明，20 世纪 80 年代，当共产主义信仰在苏联出现危机的时候，表现在建筑、美术界则是被空洞程式化的毫无真正价值的设计充斥着，在这种情况下，对于一而再，再而三的全国设计竞赛，不难理解为什么没能出现一件能够纪念伟大的二战胜利、无愧于时代和人民的优秀作品，因为那个时代已经永不复返了。

客观上讲，苏联纪念艺术综合体及纪念碑艺术经历了几十年的发展，各种艺术手段都已经尝试，传统的艺术手段中很难再有崭新的、令人耳目一新的设计语言出现。苏联几十年的纪念碑实践，许多象征形象已经被各种手段尝试过，从某种程度来说，很

---

① "нет нравственного совершенствования без идеалов, а стало быть, без понимания величия победы, без мыслей о героизма миллионов, отдавших жизнь за мир." 详见 "Накануне выбора?", Михаил УТКИН, «Архитектура и строительство Москвы», №9, 1989 г.

难创造新的语言和艺术形象。像列宁像、英勇的战士与旗帜、母亲与婴儿、战士与母亲的离别等等这些题材已经成为最程式化的艺术主题。同一主题除了少数一些优秀的有代表性的纪念碑，更不乏大量质量平平的城市雕塑作品。因此到了20世纪80年代末期，要在首都莫斯科设计建造一个“新的”、“总结性”的综合体，无疑给建筑界、雕塑界带来了巨大的挑战，这样的要求在当时的社会条件下几乎是不可能实现的。

第四节　比赛规则与组织架构

1987年举行的胜利纪念碑竞赛，适逢戈尔巴乔夫改革与苏俄社会转型期间，具有一定的典型性，因此我们例举全苏1987年的竞赛作为研究比赛规则与组织结构的样本。1987年的竞赛是由苏共莫斯科市委员会和文化部报请苏共中央审批，由莫斯科城市建设委员会和文化部艺术委员会联合苏联艺术科学院的代表、苏联美术家协会、苏联建筑师协会及其他有关的部委和机构共同确认并公布实施的。苏联政府机关和艺术界共有144位成员代表参加了竞赛的组委会工作。其中包括俄联邦建筑师协会主席罗切科夫、国家民用建筑工程委员会主席潘诺塔列夫、艺术科学院主席乌加罗夫、俄联邦美术家协会主席特卡乔夫、人民艺术家克贝尔和科罗列夫等。

1987年9月12日的《苏维埃文化报》和《莫斯科真理报》对当年胜利纪念碑雕塑竞赛的条件和规则进行了详细的规定：

设计原则：要求建筑与纪念碑的设计能够表现胜利这一庄严的主题，表达苏联人民在前线和后方所表现出来的英雄主义精神。

纪念碑设计要具有深刻的思想和鲜明的具有表现力的情感形象，作品应能够很好地继承和发展苏联建筑和纪念艺术的优良传统。

在思想和艺术上具有深刻意义的优秀纪念碑应与相应的城市

规划与决策相配合，才能达到完美的境地。①

同时对参加第一轮比赛的作品做了具体严格的要求：

1. 地段平面图按照 1 ： 2000 比例绘制。
2. 主要观赏面，纪念碑断面以 1 ： 100 比例绘制。
3. 地面建筑和纪念碑展开平面图以 1 ： 500 比例绘制。
4. 透视图。
5. 纪念碑模型按照 1 ： 50 比例制作。
6. 说明文字放在其中一张展板上。

另外在评委的人员组成上是规模空前的，共有 35 位来自不同领域的专家组成：

1. 乌加罗夫：苏联人民艺术家、苏联国家奖金和俄罗斯联邦 И. Е. Репин 奖金获得者、苏联艺术科学院主席、评审委员会主席。
2. 阿萨里斯：列宁奖金获得者、拉脱维亚加盟共和国功勋建筑师、建筑师协会拉脱维亚分会主席。
3. 阿尔让诺夫：莫斯科城市执行委员会第一副主席。
4. 安德罗诺夫：俄罗斯联邦功勋艺术家、苏联国家奖金获得者。
5. 鲍克丹纳斯：立陶宛加盟共和国人民艺术家，苏联艺术科学院通讯院士、教授、立陶宛美术家协会主席。
6. 瓦瓦金：俄罗斯联邦功勋建筑师、苏联部长会议奖金获得者、莫斯科主要建筑师。
7. 瓦斯涅佐夫：俄罗斯联邦人民艺术家、共青团列宁奖金获得者、俄罗斯联邦美术家协会秘书长。
8. 维利豪夫：社会主义劳动英雄、列宁奖金和苏联国家奖金获得者、教授、苏联科学院副院长。

---

① 原文："Предусматривается по усмотрению авторов средствами архитектуры и монументального искусства выразить тему торжества победы, героизма советского народа на фронте и в тылу.Памятник должен нести в себе высокий смысл и обладать яркой эмоционально-образной выразительностью, творчески развивать лучшие традиции советской архитектуры и монументального искусства.Высокой идейно-художественной значимости памятника требуется найти соответствующее ей градостроительное решение."

9. 维诺格拉多夫：国家建筑委员会副主席。
10. 沃尔科戈诺夫：苏联军队和海军政治部副主任。
11. 瓦洛诺夫：俄罗斯联邦功勋艺术活动家，苏联艺术科学院造型艺术历史和理论研究所一级研究员、艺术史博士。
12. 卡泽宁：苏联文化部副部长。
13. 卡尔波夫：苏联英雄、苏联国家奖金和乌兹别克加盟共和国奖金获得者、苏联作家协会秘书长。
14. 科里莫夫：功勋艺术活动家、苏联电影艺术家协会秘书长。
15. 科尔热夫—丘维列夫：苏联人民艺术家、俄罗斯联邦 И. Е. Репин 奖金获得者、苏联艺术科学院院士。
16. 列别杰夫：俄罗斯联邦功勋建筑师、苏联国家和俄罗斯联邦奖金获奖者、苏联艺术科学院院士。
17. 马祖洛夫：社会主义劳动英雄、全苏老战士和劳动联盟委员会主席。
18. 梅尔松：苏联部长会议奖金获得者、俄罗斯联邦副主席。
19. 米申：全苏工会中央理事会书记。
20. 米亚斯尼科夫：苏维埃文化基金会副主席。
21. 波波夫：苏联文化部纪念碑与造型艺术保护管理局局长。
22. 帕克罗夫斯基：俄罗斯联邦功勋建筑师，苏联和俄罗斯联邦奖金获得者。
23. 普拉东诺夫：俄罗斯联邦功勋建筑师、苏联国家奖金和苏联部长会议奖金获得者、苏联建筑师协会第一书记。
24. 洛卡什金：苏联列宁共产主义青年团中央委员会书记。
25. 萨拉霍夫：苏联人民艺术家、苏联国家奖金和阿塞拜疆加盟共和国奖金获得者、苏联美术家协会第一书记。
26. 斯维特洛夫：苏联文化部全俄科学研究所艺术部负责人。
27. 萨德科夫：苏联人民艺术家、列宁奖金获得者、苏联艺术科学院通讯院士、吉尔吉斯加盟共和国文化基金会主席。
28. 斯维利多夫：社会主义劳动英雄、苏联和俄罗斯联邦人民艺术家、列宁和苏联国家奖金获得者。

29. 捷列什科娃：苏联英雄、苏联对外社会友谊和文化交流主席团主席。
30. 塔罗夏：亚美尼亚加盟共和国功勋建筑师、苏联和亚美尼亚国家奖金获得者、苏联艺术科学院院士。
31. 托尔斯泰：俄罗斯联邦功勋艺术活动家，苏联艺术科学院造型艺术历史与理论、苏联纪念碑艺术研究所主任。
32. 希里科维奇：苏联共产党莫斯科市委员会文化处主任。
33. 齐加尔：苏联人民艺术家、列宁和苏联奖金获得者、苏联艺术科学院院士。
34. 齐齐什维利：苏联英雄、格鲁吉亚加盟共和国科学功勋活动家、艺术史博士。
35. 阿卡什科夫：苏联建筑师协会副主席、评委会秘书长。

1987 年的全苏设计竞赛，适逢戈尔巴乔夫改革初期，苏联社会转型、文艺思潮发生剧烈转变的时候，因此这一次的全国竞赛在竞赛要求、组织方式、竞赛及后期的优化等方面既代表着苏联政府在纪念碑建造上的一贯要求，又体现了转型时期舆论宣传、民意调查与互动及其对纪念碑设计影响方面的特殊性。从竞赛组织委员会可以看出，组委会委员大都由建筑界、美术界、艺术界及理论界的著名专家学者，以及革命老战士、苏联劳动英雄、政府官员等人员组成，能够照顾到各方面的意见，汇集了国家与社会精英力量。从组织结构上看，将全国的行政力量调集起来，全力以赴地为胜利纪念碑的竞赛做好服务保障工作。从竞赛的程序上看，相对公平、公正与公开的程序流程和舆论宣传能够保障纪念碑竞赛有条不紊地进行。例如竞赛结束后，官方立即组织评委对参赛作品进行评选，组织参赛作品展示，并认真将群众的意见进行汇总，在此基础上召开专家与相关方面代表的学术研讨会等。对获奖作品提出修改意见，订出下次展示时间与事项等，这些地方体现了苏联政府对待大型纪念性雕塑认真务实的态度，使赛事在组织架构与程序要求上按照惯例有条不紊地推进（图 3-40）。

图 3-40 评审专家对设计方案进行评审，左三为戈卢博夫斯基，中间指点人物为乌加罗夫，右一为波良斯基（图片来自建筑师戈卢博夫斯基画册）

应该指出，相对苏联以往惯例的做法，本次竞赛组织方更加注重听取民众意见，重视社会舆论的反响，显示了转型期社会力量对政府施压影响力的增强，政府不得不更多地考虑民众的呼声。不过在当时的社会条件下，苏联国内各种舆论主张高涨，大家根本不可能在胜利纪念碑的问题上达成一致。这也清楚地反映了转型社会不确定性的特质，无论什么样的方案，总会有不同的观点和反对的声音。当时有个政党提出的口号就是“反对一切”。由此可以想见，当时纪念碑建造面临的各方面的社会阻力和压力是很大的。

第四章　社会转型与《胜利的旗帜》建造的搁置

第一节　20 世纪 80 年代后期社会舆论的批评与评价

一、戈尔巴乔夫改革社会思潮的回归与反思

20 世纪 80 年代苏联国内的政治氛围发生了变化，尤其戈尔巴乔夫当选苏共中央总书记以后推行的“改革”（Перестройка，原为重建、改建之意）、“新思维”措施，无疑焕发了国内民众参与胜利纪念碑的热情。

“回归神话”是这一时期显著的特征，回归到传统的俄罗斯，回归东正教的信仰，回归民族与宗教下的俄罗斯生活，成为 20 世纪八九十年代苏俄社会最大的向心力，成为人们精神与生活上的主要诉求。在阿布拉泽导演的电影《忏悔》（1986 年）中，片尾的警句“我们干吗需要一条不通向寺院（信仰）的道路？”向人们提出道德选择的问题，明确了俄罗斯传统文化回归的方向选择，重新审视传统文化的遗产并进行积极的反思，这是自 1991 年苏联解体以来俄罗斯社会与学界显著的特征。

1985 年戈尔巴乔夫继任苏共中央总书记后，便着手进行全面改革。1985 年成为苏联在精神生活方面的分界线。改革初期，社会上人们普遍对于改革赋予了很大的期望，希望通过改革摆脱政治上官僚作风、生活中资源缺乏、各种腐败猖獗的局

面。[①]“更多的公开性、更多的社会主义”、“我们需要公开性，就像需要空气一样”是当时人们熟悉的口号。我们从著名的摇滚流行歌手措亚的一首歌曲中可以感受到那个激情燃烧的岁月：

“我们的心灵要求变革
我们的眼睛要求变革
在我们的泪与笑中
在我们的脉动中……
变革，我们期待变革。”

——维克多·措亚 1988

1986年后期，具有改革思想的编辑受到主流出版物和杂志的重用，开始探讨过去和目前存在的政治与社会问题。书刊检查制度放宽后，一些被查禁的文学作品重新回到读者中间。帕斯捷尔纳克在获得诺贝尔文学奖30年之后，《新世界》杂志发表了他的长篇小说《日瓦戈医生》。“第一波”俄罗斯侨民作家蒲宁、扎伊采夫、什梅列夫、博纳科夫等以及20世纪70年代被迫离开苏联的作家加里奇、布罗茨基、沃伊诺维奇、阿克谢诺夫的书也先后出版。索尔仁尼琴的《古格拉群岛》、沙拉莫夫的《克雷马故事集》以及阿赫玛托娃的长诗《安魂曲》、格罗斯曼的长篇小说《生活与命运》也首次在祖国出版。一时间街头报刊亭和书店迎来了从没有过的繁荣与热闹，人们甚至排起了长队，争相购买阅读。在读者们看来，大量各种各样的“迟来的文学作品”的回归，简直就是神启。[②]

---

① 勃列日涅夫末期，出现权力机构和管理机构，护法机关，经济、科学和教学机关的迅速腐化。受贿行为、侵吞国家资产、伪造完成所承担的计划任务情况的报表、政权代表同犯罪团伙勾结——所有这一切已经达到了这样的规模，以至于要防止这些可耻的事情都已经不可能。比如，20世纪80年代初，苏联检察院调查的所谓“鱼肉案件”说的就是将红鱼子和珍稀鱼类偷运出境，给国家带来了几千万卢布的损失。犯罪网络的线索一直延伸到部级领导人。参见:(俄)亚·维·菲利波夫.俄罗斯现代史(1945 ~ 2006)[M].吴思远等译.北京：中国社会科学出版社，2009.

② （俄）亚·维·菲利波夫.俄罗斯现代史（1945 ~ 2006）[M].吴恩远等译.北京：中国社会科学出版社，2009.

社会生活领域，1987 年春莫斯科历史档案研究所所长阿法纳西耶夫主办了题为“人类的社会记忆”的政治历史讲座，社会反响非常热烈，其影响程度超出了他所领导的莫斯科历史档案研究所。1988 年，一些在社会上具有影响力的知识分子代表如阿法纳西耶夫、扎斯拉夫斯卡娅、萨哈罗夫、努伊金、弗·伊·谢柳宁、卡里亚金、沃多拉佐夫等人的政论合集《别无选择》首印 5 万册，发行后立即销售告罄，表达了要求变革的愿望。[①]

在大众媒体与传播方面，各种直播节目产生了：圆桌会议、电视连线、演播厅讨论等。一些政论节目和信息节目例如《观点》、《午夜前后》、《多余的人和事》、《600 秒》等受到全民欢迎。

在艺术领域，第一次持消极情绪的展览“宣传画：致改革”于 1988 年在莫斯科举行，展览一直持续到半夜，并因参观者络绎不绝而延期。内容相似的第二次展览“改革与我们”（1988 年在莫斯科为迎接共青团成立 70 周年举办）也使参观者反应强烈，兴致浓厚。[②]

苏联 1915 ~ 1932 年间的先锋派艺术受到热捧。先锋派艺术在 20 世纪二三十年代曾辉煌一时，1931 年之后逐渐悄无声迹。当时比较大规模的先锋派艺术展览《伟大的理想国》引起很大的反响，参观展览的人每天排起了长队。先锋派艺术不但包括沙皇时期成熟艺术家的作品，更重要的是聚集了大量年轻的艺术家群体，他们极富创造力，其中有康定斯基、马列维奇、塔特林、加博、林图洛夫、康恰洛夫斯基等。形成了至上主义、结构主义等艺术流派，对西方艺术产生了很大的影响。此次展览重新肯定了被 1915 ~ 1932 年间的艺术，受到了人们的欢迎。

另外摇滚是苏联最后 10 年最明确的非官方艺术流派，受到了苏联青年的普遍喜爱。在 1985 年第十二届世界青年和大学生

---

① （俄）亚·维·菲利波夫．俄罗斯现代史（1945 ~ 2006）[M]. 吴恩远等译．北京：中国社会科学出版社，2009.

② （俄）亚·维·菲利波夫．俄罗斯现代史（1945 ~ 2006）[M]. 吴恩远等译．北京：中国社会科学出版社，2009.

联欢会上，“时间机器”乐团在莫斯科完成了它的首场合法演出。歌手措亚也是这一时期广受欢迎的摇滚代表。

二、社会舆论对《胜利的旗帜》的批评

1）反对声音的初起

1983年10月，苏联电视台对胜利纪念碑设计方案进行了报道。当时卡累利阿有一个卫国战争老战士、博士研究员斯捷伊马茨基看到报道后给苏联最高领导人安德罗波夫写信[①]，对胜利纪念碑设计的巨大高度和体量进行了批评，认为这是当前搞形式主义和贪大求全的表现。强调纪念碑设计应该注意艺术思想和内涵的表现，而不是外表尺寸庞大，思想内涵却很贫乏。莫斯科林业科学研究所教授、残疾军人莫罗佐夫曾写信给国家领导人契尔年科，对设计方案没能够达到应有的纪念性效果提出意见。卫国战争胜利纪念碑题材重大，象征着苏联人民和国家的最高荣誉，要达到崇高的纪念目的和教育后代的社会效果。并对举办过公开竞赛提出了质疑，呼吁举办新一轮的设计竞赛。[②] 这些针对纪念碑纪念目的和社会功能方面提出的批评，具有很大的普遍性。

1983年年底和1984年年初，苏联政府开始在俯首山建造胜利纪念碑综合体，项目计划在1990年前完成，以迎接卫国战争胜利45周年。首先建造的是卫国战争纪念馆。建造开支使用的是莫斯科劳动者利用共产主义星期六义务劳动和民众的义务捐款所得的近2亿卢布。

1985年3月29日，建筑师福明和布伊诺夫以“为什么没有

---

① Памятник Победы история сооружения мемориального комплекс победы на поклонной горе в Москве сборник документов 1943-1991гг. Москва,2004г. Комитет по телекоммуникациям и средствам массовой информации Правительства Москвы.с223.

② Памятник Победы история сооружения мемориального комплекс победы на поклонной горе в Москве сборник документов 1943-1991гг. Москва,2004г. Комитет по телекоммуникациям и средствам массовой информации Правительства Москвы.с227.

社会参与的讨论？”[①]为题写信给苏共中央委员会，对胜利纪念碑设计没有把全社会的公开讨论纳入程序提出了尖锐的批评。作者认为美术家、建筑师协会、苏联文化部等职责部门没有遵守大型纪念碑建造应有的规范性操作程序，广泛地与社会各界交流沟通；另外对纪念碑的设计者也提出了批评，认为设计沿用了纪念碑的老套路，创作形象文学化；没有用现代建筑材料的语言去表现，使创作走向了一个错误的方向：以巨大虚假的集聚体和饰品装饰的手法处理这么严肃和重大的题材。“像列宁纪念碑、胜利纪念碑这样重大的题材，不光是创作团体和审批机关之间的关系，还关系到公共社会切身的利益，关系到所有的知识分子创作者和劳动人民。劳动人民希望知道他们的纳税钱如何被使用……由此不由自主地想到，在这样的趋势和仓促下建造方案不光显示出作者的傲慢，更显示了作者害怕社会舆论和批评……”

但是事实情况是否如信中作者所言没有社会参与的讨论？在《1943 ~ 1991 年莫斯科俯首山建造胜利纪念碑综合体历史档案》中显示在莫斯科曾广泛地展出、讨论过胜利纪念碑方案。[②]这似乎与信件作者的质疑是矛盾的。或许作者质疑的是方案没有经过广大人民群众参与讨论，只是小范围专家学者参与的意见，民众

① Памятник Победы история сооружения мемориального комплекс победы на поклонной горе в Москве сборник документов 1943-1991гг. Москва,2004г. Комитет по телекоммуникациям и средствам массовой информации Правительства Москвы.с234.

② 1985 年 5 月 30 日，苏联文化部上报苏共中央委员会关于建筑师福明和布伊诺夫的“为什么没有社会的参与？”来信的批复是：设计方案不止一次地在文化部纪念性雕塑家艺术委员会的扩大会议上，连同莫斯科城市建筑设计管理委员会、苏联美术家协会及苏联艺术科学院的纪念性艺术方面的专家和建筑师一起讨论过。方案广泛地在国家、社会机构中讨论，曾在列宁政治军事学院、伏龙芝研究院、《军事图书》读书俱乐部和其他机构展出并讨论。同时周期性的印刷品也有很多纪念碑方案的报道。1983 ~ 1985 年间，莫斯科中央电视台转播了关于莫斯科建造胜利纪念碑的节目；建造纪念碑的消息并通过电台广播的形式在全苏报道。胜利纪念碑的设计方案在庆祝二战胜利 40 周年之际在建筑师中心展厅展出。详见：Памятник Победы история сооружения мемориального комплекс победы на поклонной горе в Москве сборник документов 1943-1991гг. Москва,2004г. Комитет по телекоммуникациям и средствам массовой информации Правительства Москвы.с239.

虽知情但没有发言权。但不管怎样，这至少代表了一种声音，尽管当时苏联国内已经通过各种渠道进行了宣传报道，但仍有一部分民众，甚至专业人士对纪念碑方案因缺乏公开广泛的社会参与而产生愤慨和不满的情绪。

2）专业设计上的批评

除此之外，莫斯科红旗劳动勋章建筑研究院的建筑学教授奥博连斯基、科罗耶夫、伊万诺娃等从视觉的角度论证了设计方案比例失调的问题，还从气候与材料的角度阐述了石材使用的不合理性等问题，是从专业视角提出的批评，具有一定的代表性和普遍性。1985 年 7 月 23 日，在他们联名写给莫斯科城市执行委员会的信中[①]，提出世界上任何大型的纪念碑、纪念物等首先必须考虑到视觉和光影造成的视觉错觉，同时还应考虑地方性的气候、巨大建筑物与周边环境以及由此形成的天际线的关系、建筑物观赏的距离和角度、材料的颜色和质感、自然光和人造光的照明等诸多关系。"纪念碑的整体造型没有与环境形成一个稳定有力的视觉形象，人物群雕之上的旗帜更像是'断裂'的视觉印象，而且人物组雕、旗帜和底座没有形成整体关系，彼此的关系分离而不稳定。"这是整体造型的失误。

在视觉透视上存在着因视点不同而视觉变形率过大的问题。72 米的主雕高度，按照底座、人物群雕和旗帜分为三个部分，它们之间的比例为 1 ∶ 0.9 ∶ 1.4 的关系。已经有不少的学者专家指出，这样的比例关系，分别从距离纪念碑 1200 米处的凯旋门、600 米处的入口广场以及更重要的距离纪念碑 104 米处的中心广场和中心大道交界处观察纪念碑主雕，视角的变形率可达 30% ~ 40%。如果算上地面倾斜的角度，视角变形率甚至可达 2 倍。从中心广场观察，视角变形率几乎是 1.5 倍。所以人们从近处仰

---

① 详见：Памятник Победы история сооружения мемориального комплекс победы на поклонной горе в Москве сборник документов 1943-1991гг. Москва,2004г. Комитет по телекоммуникациям и средствам массовой информации Правительства Москвы.с242.

观雕塑，会感到雕塑的底座部分过于庞大，而上面足有10层楼高（30米）的旗帜部分悬垂的斜面更加给人一种“倾倒”的压迫感，视觉心理非常不适；另外观赏30米左右高度的人物群雕，视角和距离都很难看清楚人物的面貌；在旗帜下沿视觉上会有2～3米的断面，因此丝毫不会感觉到旗帜的飘动感，反而会有一种奇怪、笨重的视觉效果。

从雕塑的表面材料与地方气候关系上看，石材的使用极不恰当。莫斯科的光气候条件特殊，空气中常有的阴霾就像蓝灰色的滤镜一样，生活在那里的人的视觉自然会适应天光的亮度和地面对天光的灰暗色的反射作用。以石材拼砌而成的旗帜因悬垂的斜面朝向地面受光较少，因而呈现出背光的阴暗，在粗糙的石材表面灰暗色会加深，抛光的石材表面这种阴暗会更加严重。在阳光很好的天气下，纪念碑的外轮廓线还会形成黑洞般的黑色轮廓剪影。另外拼砌的石材由于角度不同，自然产生对光线的折射系数也不同，视觉效果上会显得颜色混乱。以60cm×120cm大小的花岗岩石材“拼砌”而成的旗帜表面，尤其在雨雪天，更会有深色水渍浸漫在石材的接缝处，极大地影响了视觉美观效果。我们可以参看1970年托姆斯基为柏林设计建造的“列宁纪念碑”[①]（图4-1）与“胜利纪念碑”进行对照，不难看出两者在整体构思及材料使用上的吻合关系。即都是顶端的旗帜、中间部分的人物和底部基座三段式构图；石材加工同样都使用“拼接”技术。从图中我们可以看到石材拼接而带来的效果上的缺憾：拍摄“列宁纪念碑”的时候已经是晴天，一群学生从雕塑前走过，但是在石头拼砌的旗帜表面及底座部分仍存有雨雪天留下的尚未干燥的水渍痕迹。另外图片中的旗帜处于稍背光状态，色调显得有些阴暗。这个案例可以使我们很清楚地判断胜利纪念碑施工后的实际效果。

① 托姆斯基的“列宁纪念碑”设计建造于1970年，柏林。1972年托姆斯基因此纪念碑设计获列宁奖金。1991年雕像被拆除。

图 4-1 托姆斯基设计的“列宁纪念碑”，1970 年（图片来自画册《托姆斯基》）

从石材的使用和技术上来说，拼砌这么大的建筑物（旗帜在 70 米的高度）和人物造型，史无前例，更重要的是还要达到人物形象刻画的目的，施工难度巨大。“历史上来看，从来没有在大型纪念物如像旗帜这样悬垂的斜面上使用过石头的先例。旗帜部分使用石材表现，假如人物部分比例大小为 16 米、旗帜为 30 米，可以想象那将有多么重的石头‘压在’下面人物的头上和肩上，形成巨大的视觉压力。”因此从任何角度观赏都将是一个头重脚轻的不协调的视觉效果，而且石材难以估算的巨大重量和施工难度等的诸种弊端，都是难以想象的。

处于夜晚人工照明状态下的纪念碑，70米的高度会有照明不足的顾虑，另外人工照明还不可避免地使雕塑产生不希望的“造型破碎”感和不协调的阴影效果。在人工照明下，凹陷部分会呈现断裂破碎的单块阴影，阴影彼此没有关联，从而破坏整体雕塑的效果，这是雕塑采用人工照明极易产生的视觉缺陷。

综上所述，纪念碑设计存在的问题主要集中在：在纪念碑功能和目的、意识形态的表达上没有达到应有的伟大的纪念效果；纪念碑设计的公开性、民主性诉求上，没有广泛的民众意见的参与，没有执行纪念碑操作的民主程序；专业视角上的弊端和不足：视觉原理、材料的应用、光自然环境和人工光照明等方面存在严重失误。

除了专业人士、教授等社会精英的意见外，最重要的参与胜利纪念碑意见的社会力量就是卫国战争老战士群体。他们个人或者联名写信给苏联文化部、莫斯科城市建设管理委员会等部门，或者直接写信给国家最高领导人，积极表达对纪念碑设计的各种意见。在卫国战争老战士中，有军衔很高的将军、元帅，也有高知人员，他们广受社会的尊重，社会地位很高。因此1987年秋季举办的纪念碑主雕的公开竞赛，与卫国战争老战士们的不断呼吁也是密不可分的。例如残疾老战士、建筑师拉赫京的建议就代表了大多数老战士的意愿，极力要求政府举行新一轮的纪念碑雕塑竞赛，具有一定的典型性。老战士们希望在有生之年看到当年无数同胞不惜为祖国牺牲、用生命换来的这场伟大胜利，能够永远为人民铭记，希望有一个真正能够担当和体现这场伟大胜利的不朽的纪念碑出现。[①]

3）社会舆论对批评的推动

广播、电视、报纸等大众传媒从传播的角度对胜利纪念碑的

① Памятник Победы история сооружения мемориального комплекс победы на поклонной горе в Москве сборник документов 1943-1991гг. Москва,2004г. Комитет по телекоммуникациям и средствам массовой информации Правительства Москвы.с253.

宣传、民众的意见提供了巨大的互动与交流平台。1986 年 6 月 9 日，《莫斯科真理报》刊载整版的文章介绍在建的纪念馆和纪念碑的设计竞赛情况。6 月 10 日 ~ 8 月 1 日，在莫斯科特列恰科夫画廊展出了托姆斯基等人《胜利纪念碑》的创作小稿及设计图，有近 15000 人参观了此次展览。《苏维埃文化报》[①] 和《莫斯科真理报》[②] 组织了对此次展览的研讨会，并刊登了大量篇幅的群众来信。《苏维埃的俄罗斯》[③]、《星火》[④] 等杂志和报纸上刊登了胜利纪念碑的讨论文章。设计方案在克里姆林宫展出期间，电视、广播、报纸等也进行了大量的报道。政府还大力鼓励人们参与方案的广泛讨论，听取不同声音的意见，并认真记录了所有的反对意见。在《苏维埃文化报》上，艺术家卢边尼科夫写道，"我感觉这些像是在讨论政治，设计结果在很大程度上取决于艺术知识分子响应我们党号召的程度有多大"；"如果把问题看得更严肃，有可能对主要部分进行更好调整的话，就应该做得更大胆和更坚决一些……停止《胜利的旗帜》和人物雕塑群的拟建工作，公布纪念碑主体雕塑和纪念馆内部装饰的竞赛方案"（科尔尼耶茨、斯图卡切夫）；"73 米高巨大的底座、人物群雕和旗帜显现出塑造上原始的事实和贫乏的思想……在纪念碑中没有胜利的感觉，因为没有把祖国和欧洲从法西斯侵略下解放出来的胜利者——战士的形象……必须强化创作者团队，逾期更换方案的领导和整体综合体方案的领导"（雕塑家科什金）。

对胜利纪念碑方案更为尖锐的批评是 1986 年 6 月第八次苏联作家代表大会上著名诗人沃兹涅先斯基（1933 ~ 2010 年）[⑤] 发表的"夜间我行驶在明斯克公路上看到黑色的斧子矗立在俯首山

---

① 俄文报纸，创办于 1953 年。

② 俄文日报，创办于 1918 年 7 月 18 日。

③ 俄文报纸，创办于 1956 年 7 月 1 日。

④ 俄文周刊，创办于 1879 年。

⑤ 俄罗斯著名诗人、小说家、美术家、建筑师。是最著名的"诗人—六十年代"成员之一。1978 年苏联国家奖金获得者、1983 年红旗劳动勋章获得者。

上”的言论[①]，直接把胜利纪念碑比喻为“黑色的斧子”；1986 年 7 月 2 日的《文学报》上又爆出沃兹涅先斯基“这是世界上最让人伤心和平庸的纪念碑……真是糟糕透顶！”对纪念碑设计抨击的言论。[②]批评的声音甚至一度发展为否定一切的极端行为，有少数人和组织要求拆除正在建造的卫国战争纪念馆在内的所有东西。

苏联政府最初计划胜利纪念碑于 1987 年完成。“苏联部长会议同意 1984 ~ 1985 年在没有确定方案的情况下进行建造工作。1985 年 6 月 19 日，苏共莫斯科城市委员会决议加速建造纪念碑，于 1987 年完成。”[③]作为迎接 1989 年卫国战争胜利 45 周年的献礼。另外早在“1983 年 9 月 14 日，苏联部长会议决议，1989 年完成胜利纪念碑的建造任务。莫斯科城市执行委员会要在 1985 年确定纪念碑的设计，允许 1984 ~ 1985 年修改完成设计方案的确认工作。”[④]1985 年 6 月决定在没有确定方案的情况下“加速建造纪念碑，1987 年完成”。由此可见，苏联政府一直是按照纪念碑计划的进度节点完成总项目的建造，哪怕是在纪念主碑缺失的情况下，仍然计划总工期在 1989 年前完成。当时苏联政府尚能把握政局与国内舆论的导向，但是“加速”这种违背常规的反常做法，隐隐折射出政府方面对掌控政局的危机感。到了 1987 年随着国

① Гришин.В.В. Катастрофа. От Хрущева до Горбачева , М.: Алгоритм, Эксмо, 2010. - 272 с. Серия: Суд истории , ISBN 978-5-699-41640-0

② Памятник Победы история сооружения мемориального комплекс победы на поклонной горе в Москве сборник документов 1943-1991гг. Москва,2004г. Комитет по телекоммуникациям и средствам массовой информации Правительства Москвы.с251.

③ Памятник Победы история сооружения мемориального комплекс победы на поклонной горе в Москве сборник документов 1943-1991гг. Москва,2004г. Комитет по телекоммуникациям и средствам массовой информации Правительства Москвы.с269.

④ Памятник Победы история сооружения мемориального комплекс победы на поклонной горе в Москве сборник документов 1943-1991гг. Москва,2004г. Комитет по телекоммуникациям и средствам массовой информации Правительства Москвы.с269.

内舆论的高涨，人们反对纪念碑方案的态度越来越强硬的情况下，当局无奈之下做了两手准备，一方面迫于舆论压力举行新一轮的设计竞赛；另一方面对于在建的纪念馆基本采取继续建造的态度，对托姆斯基方案再进行修改完善工作。但是随着民众的反对呼声越来越高涨，当局的态度也发生了转变。

20 世纪 80 年代中期以后，尤其是到了 1987 年，苏联国内形成了大规模群众性的反对建造综合体的舆论共识。胜利纪念碑设计已经从设计团体与专家和政府间的单纯关系，演变为与全社会各阶层的关系，设计方案由主要为政府负责转变为对全社会民众的负责，受到全社会民众舆论的监督。从这个角度上说，莫斯科俯首山胜利纪念碑综合体设计方案自发地体现了当代“公共艺术”的“公共性”特征，在苏联纪念碑设计、实施的案例中是绝无仅有的。

第二节　激辩“俯首山”

1880 年，陀思妥耶夫斯基曾在自己的笔记中写道：“我们的社会舆论真是糟糕，各唱各的调，但有时人们又有一点怕它，因为它是一种力量，而且这种力量也能管用。”①

一、缘起

历史总是惊人的相似，距离陀思妥耶夫斯基上述的感叹整整过去了一个世纪。20 世纪 80 年代莫斯科俯首山建造纪念碑的消息经媒体曝光后，立即在社会上掀起了巨大的舆论风波，随即引发了一场俯首山历史、现在与将来的社会大辩论。1987 年以前，受禁于舆论的严格监管，人们还不敢对社会上政府项目公开发表自己的言论。1987 年初苏共中央全会后，苏联国内的情况发生了彻底的转变。

① 转引自：鲍里斯·尼古拉耶维奇·米罗诺夫．俄国社会史——个性、民主家庭、公民社会及法治国家的形成（下卷）[M].

最早爆出俯首山改建消息的是《莫斯科真理报》，1986 年 6 月 9 日的《莫斯科真理报》围绕“建造人民的记忆”的主题刊发了一整版的文章，其中介绍了俯首山当时在建工程的进展情况，但是没有引起太大的社会反响。到了 1987 年 2 月，《星火》杂志在二月份的第六期上，刊登了梁赞采夫撰写的文章“俯首山的命运”，就像一颗引爆的超级核弹，爆发了惊人的社会力量。

俯首山改造、纪念碑的设计问题成为人们舆论激烈争论的中心与焦点。1987 年春，当许多人第一次从报刊上获知俯首山正在进行胜利纪念碑综合项目的建造，看到正在施工的现场照片，看到被夷平的俯首山，社会顿时一片哗然。现场图片是一片狼藉的工地，被平整的地面显得很宽阔，战争纪念馆主结构建造正在形成，应该说已经初具雏形，纪念馆中心大厅的圆顶结构也已经显现。但是却看不到以前的山坡与绿化，看不到俯首山平缓而绵延留在人们记忆中的美好样子，取而代之的是俯首山被推平的现实（图 4-2）。不同时代对历史遗迹、文化遗产的改造，大众的反应态度可能有很大的不同。一直以来，苏联群众对政府的各种改造和拆迁工程是不关心甚至是漠视的。沉淀在民族精神中某个角落的历史遗迹的消失，一般不被人们觉察。但是当时苏联的情况不同，这是一个需要发出“不”的声音的时代。俯首山被破坏的消息通过舆论媒体突然曝光出来以后，人们的第一反应就是神圣辉煌而不可侵犯的圣土遭到了摧残与破坏。俯首山神圣的历史记忆逐渐被挖掘浮现出来，这种结果可能蕴含着巨大的社会能量。在某种程度上可以毫不夸张地说，围绕俯首山改造的争论是苏联改革期间文化争论最尖锐的问题之一，也是观察与研究苏联转型期间社会意识形态变迁最好的案例。

俯首山之所以成为舆论争论的交点，大致有以下几点原因：

1）民众的主观意愿与时代背景、政治条件相吻合，这是前提条件。纪念碑与俯首山的改造恰逢社会转型时期，压抑在人们心中已久的声音需要表达与倾诉，社会需要发出能够代表大众心声的声音。

图 4-2 施工中被推平的俯首山 1985 年左右（图片来自网络）

2）俯首山的精神象征性与纪念碑的规模及重要性决定了这次建造是莫斯科乃至苏联全国最关注的事件，成为人们关注与舆论争论的交点。在苏联社会转型期间，俯首山的平山改造无疑触碰、唤醒了人民心中渐渐遗忘的精神的“圣地”。

3）托姆斯基设计方案的缺陷及俯首山平山的改造，是这次事件发生的具体条件。1985 年最先开始卫国战争纪念馆的建造和胜利公园的改造，当时托姆斯基设计的方案曾在一些展厅公开展出，但是由于当时的历史条件下社会舆论并未放开，所以反对的声音仅限于少数专家学者及参观展览的观众，并未形成大规模的社会力量。到了 1987 年的时候，当俯首山改造的事实被舆论曝光出来后，立即引起了民众的不满，反对的声音与日俱增。社会舆论在政策的鼓励下迅速形成一股巨大的力量，设计方案实施的阻力加剧，方案最终被人民大众否决。

4）社会精英与团体对事件的关注与推动，是俯首山改造引起社会极大反响的导火索与助燃剂。著名诗人、建筑师沃兹涅先斯基（1933 ~ 2010 年）和社会活动家瓦西里耶夫[①]及其领导下的社会团体“记忆”[②]公开宣布抗议对莫斯科城市古迹的破坏。除此之外还有大量的作家、艺术家、将军和革命老战士也纷纷写信或亲自到编辑部、电视台、克里姆林宫和苏共中央要求停止对俯首山的“破坏”。

二、极端的声音

安德烈·沃兹涅先斯基（1933 ~ 2010 年）1986 年 6 月在第八次苏联作家代表大会上就曾对俯首山平山改造提出了反对观点，他还写信给电视台、纪念碑文物保护单位、主管当局，代表环境保护者要求立即停止对胜利公园以及俯首山圣地的破坏。另外一个著名诗人、歌唱家维索斯基精彩而尖锐地评述：“想想正在建造的纪念碑的命运，俯首山的夷平，想想夷平的俯首山等同于把克里姆林宫的山坡夷平或者将苏哈列夫塔夷平，这山，是人民给了它特别的名字——俯首。”[③]当时人们还不太清楚俯首山那里的改造情况，到了 1987 年年初，围绕俯首山的改造引发的社会舆论开始持续升温，很快被炒得炙手可热。

围绕俯首山激烈争论的主要内容是要求恢复对俯首山的平山破坏，“恢复俯首山”的原状。当时新闻媒体和报纸等刊登了大量俯首山的历史和它对于莫斯科城市具有重要象征意义的文章。俯首山也很快由“恢复俯首山”发展到要求“拆除俯首山所有在

---

① 德米特里·瓦西里耶夫（1945 ~ 2003 年）著名俄罗斯社会活动家、全国爱国阵线“记忆”领导人。被认为是恢复俄罗斯民族记忆的奠基人。

② “记忆”组织：俄罗斯爱国主义团体。名字出自历史学家奇维利欣于 1978 年出版的同名书《记忆》，由莫斯科和全俄历史文化保护协会创建于 1982 年。创始人是帕拉诺夫斯基及其同事和学生。早年“记忆”组织通过宣扬、研究保护俄罗斯传统文化遗产汇集了各种专业和年龄的不同群体和身份的人。在 20 世纪 80 年代苏俄转型期间，对俄罗斯民族意识的复兴和觉醒发挥了重要的作用。

③ 原文为：“——Думая о судьбе строящегося памятника, о снесенной Поклонной горе, думаешь о том, что уничтожение Поклонной горы равнозначно снесению Кремлевского холм или Сухаревой башни, горы, которой народ дал имя собственное---Поклонная.” 引 自：Лев Колодный Ефимович: “Мифы и явь Поклонной горы”, «Московская Правда», 22 марта 1987 г.

建的项目”，社会上开始弥漫着少数人极端的要求，在一些舆论及媒体的渲染下，很快获得了许多不了解真相的市民支持。一开始人们只是对胜利纪念碑的设计展开探讨和批评，并没有对俯首山和在建的胜利纪念馆有什么明显的不满，但是随着事态的发展，1987 年纪念碑竞赛期间，更多人开始转向要求“恢复俯首山”这样的口号，发展到明确要求把拆除的俯首山回填，甚至要求用来自 15 个加盟共和国的土壤回填，把在建的胜利纪念馆拆除，恢复俯首山原貌。以爱国组织面目出现的“记忆”团体猛烈地抨击政府大肆对文化和古建筑遗产的破坏。“‘记忆’团体的成员不但要恢复俯首山，还要求会见国家领导人，当时任莫斯科市市长的叶利钦会见了‘记忆’成员。”[①] 而“记忆”团体在爱国主义口号下转眼间演化成民族主义的批评，在 1987 年 5 月 22 日的《共青团真理报》上刊发了舆论界的一场公开辩论，在社会上产生了很大的反响。[②] 应该说“记忆”团体有组织的激进性行为,是要求“恢复俯首山”社会舆论的台前幕后的重要推手，它推动了社会上激进极端的舆论导向。另外 1987 年 3 月 4 日的《劳动报》上，刊登了由尤·库卡其等共 14 名艺术家联名的文章《恢复俯首山》。[③] 文章中明确提出“从根本上将恢复俯首山及其周边地貌和以后的设计联系起来。当然，首先要拆除给俯首山带来如此无情摧毁的在建建筑。”相信艺术家们出于对俯首山遭受“摧残”破坏的保护心态是极其善意的，是本着对历史古迹的爱护，但是面对已经部分拆除的俯首山和几千万的在建投资来说，这种愿望在实际操作层面更多的只是表达了坚决的立场与观点，并且只能代表一部分或者一小部分社会精英的观点，对于广大参加卫国战争的老战

---

① "Единение на Поклонной горе", Лев КОЛОДНЫЙ, «Московская правда», 8 апреля 1994 г.

② 详见："В беспамятстве", Е. ЛОСОТО, «Комсомольская правда», 22 мая 1987 г.

③ 详 见："Поклонную гору—восстановим", Ю. КУГАЧ, Н. СОЛОМИН, Н. ВОРОНКОВ, В. ЗАБЕЛИН, В. СТЕКОЛЬЩИКОВ, В. ТЕЛИН, В. ЩЕРБАКОВ, В. КЛЫКОВ, В. НАЗАРУК, Г. ЕФИМОЧКИН, М. КУГАЧ, И. СЫЧЕВ, Н. ФЕДОСОВ, В. ЧУМАЧЕНКО,«Труд», 4 марта 1987 г.

士来说，更多的是支持尽快完成纪念碑的建造工作。

1987 年俯首山建设工地上曾有老革命带领的各区共青团员代表分批分段地参与中心广场、路面等的建设，参与到这样史无前例的建设项目中，体现了该项目全社会参与的象征性。[①] 到 1987 年年底，在建项目已经花费了 4350 万卢布，其中设计者的费用开销大约为 50 万卢布。[②]

三、卫国战争老战士的心愿

1987 年正当人们围绕俯首山的去留争得不可开交的时候，5 月 9 日胜利节这天，参加卫国战争的 4426 名革命老战士联名写信给总书记戈尔巴乔夫和苏共莫斯科市委第一书记叶利钦（图 4-3，图 4-4），针对社会上打着“恢复俯首山”的口号想以此拖延时间或者阻止建造纪念碑的某些人的动机表示极大的愤怒：“停止建造……这首先是对革命老战士和伤残军人的打击，是对将自己的鲜血和生命献给胜利的劳动者的打击，这是对那些失去亲人和战友的打击，是对战胜法西斯做出主要贡献的我国威信的打击”[③] 我们不难想象，这些参加过卫国战争的老战士都已进入耄耋之年，每年老战士的数量都在减少，并且每年离世的老战士的绝对数量逐年增加，毕竟他们年龄已经很大了，他们是多么想早日看到胜利纪念碑的建成，能够在五月的阳光与鲜花中享受胜利的欢庆，这对他们来说是每一个军人最高的荣誉。因此当看到社会上有一部分人阻止并要求拆除在建纪念馆，老战士们义愤填膺，以几千名老战士的名义集体在信中坚决要求加快建设纪念馆，坚

---

① 详见："Поклонись Поклонной горе", М. ПАРУСНИКОВА, «Московский комсомолец», 7 октября 1987 г.

② "Гора проблем", Наталья ДАВЫДОВА, «Московские новости», 6 декабря 1987 г.

③ 胜利纪念馆档案室文献资料，老战士集体写给戈尔巴乔夫和叶利钦的信件内容，上面有老战士的手写签名。原文为：“прекращение строительства...это удар в первую по ветеранам и инвалидам войны и труда, которые своей кровью и жизнью оплатили историческую Победу, это удар по тем, кто потерял своих родных, боевых друзей и близких, это удар по престижу нашей страны, внесшей главный вклад в победу над фашистской Германией.”

决支持苏共中央委员会和苏联部长会议的决议在1989年建成纪念碑，以迎接卫国战争胜利45周年。

在目前公开的历史档案中，我们可以找到当年写信给相关部门的老战士不在少数。他们从自己的角度对胜利纪念碑提出了各种建造和设计的意见和建议，发自内心，感人肺腑。1987年，鉴于当时的形势，社会上充斥着各种观点，大多数人在迷茫中摇摆不定。社会形势迫使革命老战士们做出了抉择，他们坚决要求苏共中央在1989年建成纪念馆和胜利公园的其他设施，以保证在45周年胜利日来临之际向全社会开放。他们呼吁这是对用生命换来和平的革命老战士和残疾军人的尊重，是对他们失去的家人、战友和亲人的尊重，是对自己国家战胜法西斯的光荣历史的尊重。

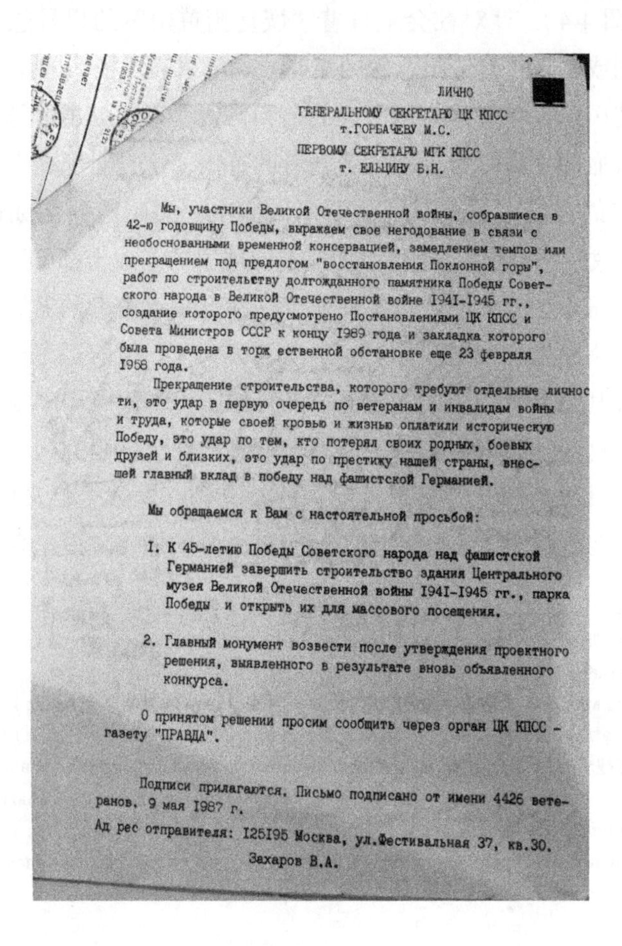
ЛИЧНО
ГЕНЕРАЛЬНОМУ СЕКРЕТАРЮ ЦК КПСС
т.ГОРБАЧЕВУ М.С.
ПЕРВОМУ СЕКРЕТАРЮ МГК КПСС
т. ЕЛЬЦИНУ Б.Н.

Мы, участники Великой Отечественной войны, собравшиеся в 42-ю годовщину Победы, выражаем свое негодование в связи с необоснованными временной консервацией, замедлением темпов или прекращением под предлогом "восстановления Поклонной горы", работ по строительству долгожданного памятника Победы Советского народа в Великой Отечественной войне I941-I945 гг., создание которого предусмотрено Постановлениями ЦК КПСС и Совета Министров СССР к концу I989 года и закладка которого была проведена в торж ественной обстановке еще 23 февраля I958 года.

Прекращение строительства, которого требуют отдельные личности, это удар в первую очередь по ветеранам и инвалидам войны и труда, которые своей кровью и жизнью оплатили историческую Победу, это удар по тем, кто потерял своих родных, боевых друзей и близких, это удар по престижу нашей страны, внесшей главный вклад в победу над фашистской Германией.

Мы обращаемся к Вам с настоятельной просьбой:

I. К 45-летию Победы Советского народа над фашистской Германией завершить строительство здания Центрального музея Великой Отечественной войны I941-I945 гг., парка Победы и открыть их для массового посещения.

2. Главный монумент возвести после утверждения проектного решения, выявленного в результате вновь объявленного конкурса.

О принятом решении просим сообщить через орган ЦК КПСС – газету "ПРАВДА".

Подписи прилагаются. Письмо подписано от имени 4426 ветеранов. 9 мая I987 г.

Ад рес отправителя: I25I95 Москва, ул.Фестивальная 37, кв.30.

Захаров В.А.

图4-3 卫国战争老战士联名书信，1987年（图片来自胜利纪念碑档案馆）

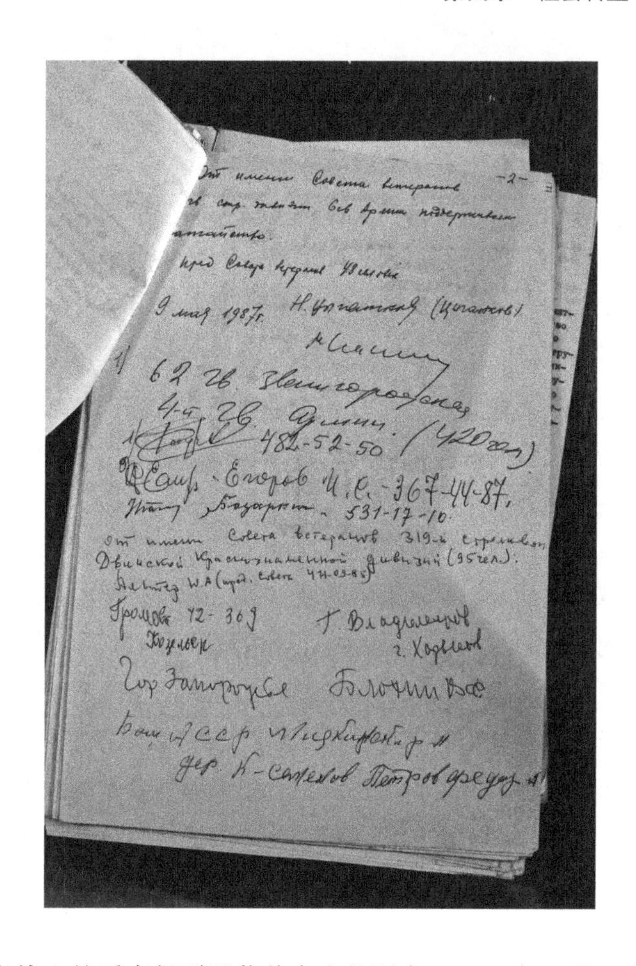

-2-

9 мая 1987г.

62 Гв. Звенигородская

4-я Гв. Армии.

482-52-50

Егоров И.С. -367-44-87

531-17-10

От имени Совета ветеранов 319-й стрелковой Двинской Краснознаменной дивизии (95 чел.)

Г. Владимиров

г. Харьков

图 4-4 同上 卫国战争老战士的联合签名（图片来自胜利纪念碑档案馆）

老战士的呼声得到了苏共中央的回应。1987 年 7 月，在决定举行新一轮的雕塑竞赛的同时，莫斯科城市建设执行委员会和文化部约请老战士们对纪念馆的使用功能提出建议，在老战士记者招待会上，苏联老战士委员会莫斯科分会主席上将卡德什金说出了老战士的心声："我们希望能在有生之年看到胜利公园和胜利纪念馆的建成，因此公园和纪念馆需要尽快完成……"。获得两次苏联英雄称号的海军上将戈尔什科夫在给苏共中央的信中指出，经验告诉我们纪念碑竞赛的结果是不可预测的，但是我们可以把纪念馆和胜利公园的建造工作尽快完成，这是正确的选择，毕竟工程已经花了 4500 万卢布，这不仅让绝大部分革命老战士感到非常高兴和欣慰，也让付出劳动的所有人感到高兴，至少我们在莫斯科有了最主要的卫国战争纪念馆，它承载着全国人民对英雄人民胜利的记忆，能够很好地保存战争珍贵的文物，还是军事爱国主义教育的基地，有了和老战士会晤的场所。①

但是胜利纪念碑综合体并没有因革命老战士的呼吁继续建造下去，当时苏联国内各种势力相互对立，政治派系复杂，斗争激烈。到了1987年年底，胜利纪念碑的建造工作被迫停止。因此在1989年6月第一次人民代表大会上，退休全苏老战士协会主席马祖洛夫不无愤慨地说："使卫国战争老战士感到愤怒的是，到现在莫斯科还没有纪念胜利的纪念碑和纪念场所，纪念馆和胜利公园的建设又转成了持久战，人们捐献的钱款就这样被挥霍和浪费"（注：1989年最后一次竞赛花费超过25万卢布）。②

从革命老战士的呼声与心情我们可以看出，他们是想尽早地看到胜利纪念碑的建成。当时的社会情况下，这也是对抗"记忆"等激进民族主义团体煽动的拆除胜利纪念碑的重要力量。同时卫国战争老战士在社会上享有很高的荣誉与威望，他们的不断呼吁、联名上书也是苏联政府做出继续纪念馆及胜利公园建设决定的原因之一。历史证明，胜利纪念碑综合体的建成与革命老战士的积极呼吁、极力支持与坚持是分不开的。

四、神话与现实

围绕俯首山辩论其中一个重要的内容是，到底哪里才是历史上称为"俯首山"的地方？围绕这个历史问题，从1987年开始媒体上展开了对俯首山历史的梳理与辩论。历史上俯首山是介于谢通河与菲力卡河之间的几个小山坡，其中最高点海拔170.5米但是历史上人们俯瞰莫斯科城的地方是距离莫斯科城较近的山坡，位于最高山坡的东北面，海拔高度166.0米，在面朝莫斯科

---

① 胜利纪念馆档案室文献："О ходе создания Центрального музея Великой Отечественной войны 1941-1945гг. На Поклонной горе в г. Москве".

② 胜利纪念馆档案室文献："О ходе создания Центрального музея Великой Отечественной войны 1941-1945гг. На Поклонной горе в г. Москве".

城的东北方向，是较陡峭的山坡。这两个高的山坡之间是山谷。正是在这个更靠近莫斯科城、海拔 166.0 米的山坡上，古代人们面对莫斯科城恭首致敬，一览美丽的莫斯科和周边大自然风光，流连忘返。而在另一个 170.5 米的山坡上，以前曾一直被浓密的橡树林所覆盖，没有很好的观赏视角，影响了人们对莫斯科城和美好风光的观赏。因此历史上人们眺望莫斯科城的地方应该是更靠近莫斯科位于海拔 166.0 米山坡上，就是现在胜利广场通往城市入口处，大概距离凯旋门 100 米的地方。

19 世纪的时候，当时一条名为马热斯基的山路从这里经过，莫斯科人骑马走在山路上，一边欣赏美丽的山坡，一边眺望莫斯科城市遥远的风光。

我们从 1856 年和 1952 年的两张地图（图 4-5、图 4-6）可以清楚地看到，十字形垂直线相交的地方就是目前胜利纪念碑所在的位置，两张图最明显的不同点在于马热斯基公路在 19 世纪中期的时候是一条高低不平的小山路，沿着山坡的起伏而行，如今的纪念碑主碑所在位置刚好是当时的小山路到了山顶以后的转折处，即到了山顶以后沿着山凹顺坡东北而下，经过一个不大的弧线山路下到山底后，又沿着另一个山坡而上，因此在山底处自然形成了一个不大的凹形转折。马热斯基路面在俯首山形成的这个转折，应是俄罗斯先民在经过俯首山通往莫斯科的途中便于行走路线自然留下的。

但是回顾历史，俯首山并非一直不变，自载入历史以来，发生过一系列对俯首山改造的事件。

19 世纪末（1897 ~ 1900 年），在俯首山山坡的南面建造了莫斯科到基辅的铁路线（目前铁路还在承运），当时曾对俯首山进行过平整。20 世纪初和 30 年代，马热斯基备战公路曾经过几次拓宽改造，把路面向北延伸，使路面变得更加平直，以便于汽车和有轨电车的行使。这一点我们可以从 1952 年的俯首山地形图中看出，当年的马热斯基公路已经在距离俯首山山顶北方稍远一点，这样可以保障公路的路面落差降低，路面变得更加平坦。

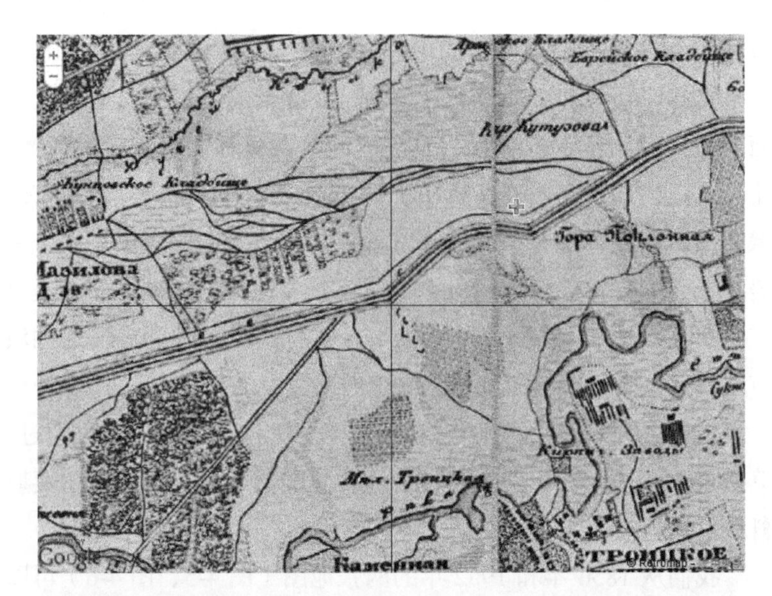

图 4-5 1856 年俯首山地形图（图中垂直交线是纪念主碑的所在位置，图片来自网络）

图 4-6 1952 年俯首山地形图（图片来自网络）

早在 1929 ~ 1932 年，俯首山（靠近马热斯基公路右侧）修建了通往小村菲里的有轨电车道，通过有轨电车运走沙子，1941 年以前曾形成过一个很深的大坑。然后是库图索夫大道与周边住房的建造，俯首山的原始景观进一步遭到破坏。1955 ~ 1958 年，因为胜利广场和整齐成排的多层建筑的建设，再次对俯首山进行了平整，使俯首山的原貌和高度都发生了变化。20 世纪 60 年代，为了完善库图索夫大道和胜利广场，曾将部分山坡平整，把平整下来的土壤填到了马热斯基路边，这样就减缓了山坡的坡度，沿着马热斯基公路形成了一些人工山丘。当时公路南侧还形成了一个小土堆，1987 年春建造纪念碑的时候，为了使人们能够获得更好的观看视角，又将这个土堆往南挪了一些位置。

18 ~ 19 世纪以来，大部分莫斯科地图中标注的俯首山位置，指的是靠近莫斯科城方向 166.0 米高度山坡的地方。

20 世纪 50 年代，俯首山一度成为滑雪爱好者冬季运动的地方，他们平出了一个山坡，而其余的山体表面则坑洼不平，因此种植了树木，培植了植物，作为城市用绿地和胜利公园将来的绿化储备。人们在那些坑洼积水的山坡铺上石板，便于通行。俯首山当年长满橡树林，还驻扎了军队，在看到莫斯科全景的地方，如今有一条名为“库图索夫”的大街穿过。

随着历史的变迁，俯首山的高度也在发生变化。1924 年测得的高度为 166.0 米，1942 年测得的海拔高度是 160 ~ 170 米，1987 年以前，莫斯科城市测绘部门测得的高度为 159 米。

一直以来，俯首山曾是莫斯科人节假日休闲的地方，在这里人们可以尽情享受山坡上温暖的阳光、丰富的植被、巨大的草坪，还可以在悠长的小路上漫步，这里留下了许多人童年欢乐的记忆，还是很多年轻人谈情说爱的好地方（图 4-7）。

从以上俯首山简要的历史变迁可以看出，俯首山并非一成不变，不同历史时期人们对俯首山进行过不同程度的改造。在俯首山神话与现实的对应关系中，似乎人们并不特别关心现实中俯首山的历史变迁，历次俯首山的改变也并未引起人们特别的关注。但是到了 20 世纪 80 年代中期，当人们需要俄罗斯精神的回归，需要以俯首山保存民族精神象征的时候，神话与现实的冲突出现了。1987 年的春天尚未来临，俯首山上的积雪已经被施工的工人踩踏消尽，围墙外俯首山被夷平的消息正在迅速发酵，一场波及全社会的争论正迅猛展开。

图 4-7 改造前的俯首山（图片来自网路）

第三节 列宁纪念碑法令的绝唱——伟大的卫国战争纪念馆

十月革命后，列宁为了对俄国进行彻底改造，提出首先用无产阶级的先进文化艺术占领和替换俄国沙皇时期愚昧落后的文化状态。列宁在召见教育专员卢那查尔斯基时说："很久以前我就有这样的想法，我现在给您说出来。您还记得康帕内拉在其《太阳城》中说在他想象的社会主义城市的墙面上画上壁画，可以给年轻人生动的科学、历史教育，唤起公民参与教育的感受，教育新一代。我想，这绝不是幼稚的，这些已知的变化现在我们应该可以吸收和实现了……我把这些想的东西就叫作纪念碑宣传"。[①] 这

① 原文为："Давно уже передо мной носилась эта идея, которую я вам сейчас изложу. Вы помните, что Кампанелла в своем "Солнечном государстве" говорит о том, что на стенах его фантастического социалистического города нарисованы фрески, которые служат для молодежи наглядным уроком по естествознанию, истории, возбуждают гражданское чувство - словом, участвуют в деле образования, воспитания новых поколений. Мне кажется, что это далеко не наивно и с известным изменением могло бы быть нами усвоено и осуществлено теперь же... Я назвал бы то, о чем думаю, монументальной пропагандой" 引自："Ленин о культуре и искусстве".М.-Л., "Искусство", 1938, стр. 124.

就是 1918 年 4 月 12 日颁布的著名《纪念碑宣传法令》的背景。[①]

在列宁的号召下，1918 ~ 1922 年，按照纪念碑法令的计划，苏联雕刻家完成了纪念碑和纪念碑设计共 183 件。但是《纪念碑宣传法令》早期的执行并不如人意。1935 ~ 1940 年，苏维埃政府决议要建立约 80 座纪念像，但是最终设计了 57 座，实际建立起 36 座。[②]1937 年以前苏联并没有专门负责纪念碑建造的机构，1937 年政府决定将纪念碑设计管理的任务交予苏联人民委员会下属的艺术委员会负责。但是苏联二战后因物资困乏，纪念碑宣传法令的执行一直处于比较被动的状态。例如 1948 年财政部就没有专项拨款用于纪念碑的建造，本来已经做好成型的两件纪念碑因无经费支持铸铜，一直是等大的石膏模型状态，另外也缺少加工花岗岩的基地。[③]

“卫国战争纪念馆”这一概念诞生于二战期间的设计竞赛。建筑师卢德涅夫首先以这一概念设计了竞赛作品。建筑师切尔尼亚豪夫斯基完善发展了纪念馆的空间划分与功能设计，纪念馆内提出应包括历史文物展厅、画廊、卫国战争英雄厅和电影院等功能性的要求。[④] 20 世纪七八十年代，卫国战争纪念馆作为胜利纪念碑综合体重要的组成部分，由建筑师波良斯基设计完成。并成为胜利纪念碑综合体率先施工的建筑主体。

---

① 中文可参见：托尔斯泰 . 列宁纪念碑宣传计划的伟大作用 [M]. 上海：上海人民美术出版社，1952.

② （苏）汤姆斯基 . 苏联纪念碑雕刻问题 [M]. 杨成寅译 . 上海：华东人民美术出版社，1953. 但是据 «Памятник Победы——История сооружения мемориального комплекса победы на Поклонной горе в Москве», Сборник документов 1941-1991гг Москва , 2004г. Комитет по телекоммуникациям и средствам массовой информации Правительства Москвы.ст:79 记载，从 1918 年到 1946 年期间，除了列宁和斯大林像以外，总共建造了 16 座纪念碑，在 1932 年到 1947 年期间，只有 1945 年建造了一座外科专家的胸像。

③ Памятник Победы——История сооружения мемориального комплекса победы на Поклонной горе в Москве, Сборник документов 1941-1991гг Москва, 2004г.Комитет по телекоммуникациям и средствам массовой информации Правительства Москвы.ст:77.

④ 参考资料来源：胜利纪念馆档案室文献：“О ходе создания Центрального музея Великой Отечественной войны 1941-1945гг. На Поклонной горе в г. Москве”.

建造卫国战争纪念馆是按照苏联文化部1986年3月4日下发的第86号文件执行的。卫国战争纪念馆设计建筑面积44500平方米，其中展出面积14000平方米。主要由两部分建筑组成：一个圆拱形带柱廊的建筑前部分和其后面立方形空间带拱形结构的圆顶建筑。建筑前半部分的拱形柱廊设计是胜利旗帜的象征，整体风格稳重庄严；后半部分以带拱形圆顶的荣誉厅为中心，周围分别设计了6个全景画馆。纪念馆有400万立方米的体积容量，主厅圆顶的直径将近52米，高27米，纪念馆包括荣誉厅、记忆厅、展品厅，共计4000平方米，画廊4000平方米，以及6个描绘二战最重要战役的全景画厅、可容纳500人的同声翻译放映厅、容纳220人的名为“战争日”的电影院、接待老战士的休息厅和临时展厅等。

建造如此意义重大的纪念馆工程，需要选用经得住时间考验的永久性材料。纪念馆前面的主入口广场、“战争岁月”路面使用灰色的花岗石；在路面、广场所有装饰收尾的地方和侧石使用红色的乌克兰塔可夫斯基和卡普斯疆斯基花岗石；全景画厅的墙面和挡土墙部分使用乌克兰灰色的扬采夫斯基或者热热列夫斯基花岗石；纪念馆外墙和内饰采用俄联邦的科耶尔金斯基大理石装饰；地面使用浅灰色的大理石装饰；记忆厅的内饰选用卡累利阿大理石装饰，而在一些局部的细节上选用红色的肖科申斯基石英岩进行点缀。①

卫国战争纪念馆工程在1987 ~ 1990年期间曾停止过建造。1990年5月又恢复了工程的建造。1989年秋天，俯首山纪念碑广场上曾堆满了建造用花岗岩等石材，当时场地上缺乏人手，数十名专家和技术力量又去了合作社，甚至一时间连广场安全的看管人员都稀缺，结果发生了贵重石材和电子、通信设备被偷的事

---

① "Проект памятника Победы Советского народа в Великой Отечественной войне 1941-1945 гг", А. Т. Полянский, «40 лет Великой Победы», Москва Стройиздат 1985 г.

件。[1] 当时广场上建筑、绿化等场面一片狼藉。在经费使用方面，本来1989年全年计划使用1800万卢布的预算经费，但是到了当年的7月才使用了1230万卢布，这与计划完成的工程量显然存在很大的差距，到了1990年，共使用了6000万卢布，只占总经费的32.5%。[2] 胜利纪念馆建造的速度与效率明显低下，究其原因，主要是施工人员、设备配给、施工材料不足等因素导致的。此外工程进度慢的另一因素，应该是受到社会上一部分人要求“恢复俯首山”舆论的压力，政府亦有暂缓工程进度的意愿，希望通过举行新一轮的设计竞赛选取到优秀的设计方案。

建造工作的停止和缓慢进展使革命老战士们心急如焚，他们想早日看到胜利纪念碑的竣工，老战士给相关部门写了大量信件，要求尽快完成纪念碑的建造工作。由于革命老战士们坚决的要求，苏共中央于1989年11月14日通过了一项“尽快完成胜利纪念碑建造工作”的决议，但是直到1990年5月1日，还没有大的进展，甚至建造工作几乎处于停工状态。虽然雕塑设计在一片批评声中没有实施，但在中心广场上已经浇筑了纪念主碑地下混凝土基础，本来是为以后建造托姆斯基雕塑用的。[3] 命运不济，这块基础却一放就是8年（图4-8、图4-9）。

20世纪80年代后期，部分人竟然要求拆除耗费巨资建造的胜利纪念馆工程，恢复回填俯首山原貌，还有人要求回填土要从各个加盟共和国运来，以增加俯首山的神圣性象征。但是历史进程毕竟没有重新将俯首山回填，而是按照政府的设想继续建造，当时正处苏联解体前社会极端不稳定时期，通货膨胀，建造过程伴随着各种艰辛与障碍（图4-10 ~图4-13）。

---

① "Поклонная гора: Время собирать камни?", А. ШУГАИКИНА, «Вечерняя Москва», 7 май 1990 г.

② 胜利纪念馆档案室文献：“О ходе создания Центрального музея Великой Отечественной войны 1941-1945гг. На Поклонной горе в г. Москве”.

③ "Ника никуда не улетит", Яна ЗУБЦОВА, Иван Луцкий, «Аргументы и факты», 3 августа 1995 г.

1990年苏联解体前夕，苏共中央通过决议，把1995年作为建成胜利纪念碑的最后日期，准备1995年卫国战争胜利50周年纪念日到来的时候，在莫斯科举行重大的庆祝活动。可惜当这一天来临的时候苏联已经解体，纪念碑主碑的命运随着苏联的解体发生了一系列无法预计的改变。伟大的卫国战争纪念馆经历了苏

图4-8 改造中的卫国战争纪念馆与馆前广场，1986～1987年（图片来自卫国战争纪念馆）

图4-9 同上（图片来自卫国战争纪念馆）

联的解体过程，虽然内部装饰相对苏联时期的设计发生了全面而本质的改变，但是纪念馆建筑自身无疑伴随着苏联的解体成为列宁《纪念碑宣传法令》的绝唱工程。

图 4-10 建设中的卫国战争纪念馆底层走廊（图片来自卫国战争纪念馆）

图 4-11 卫国战争纪念馆内部建造工程（图片来自卫国战争纪念馆）

图 4-12　同上（图片来自卫国战争纪念馆）

图 4-13　卫国战争纪念馆的建设者们，1989 年（图片来自卫国战争纪念馆）

第五章　解体下的转机

第一节　从竞赛到委托

1993 年 3 月 27 日，在雕塑家采利捷利的工作室，莫斯科市市长卢日科夫在一张画有刺刀样的设计素描稿上签上了自己的名字，标志着设计长达 50 年的胜利纪念碑主碑方案最终尘埃落定。设计方案是市长作客雕塑家工作室，与艺术家达成的共识。这一天，是胜利纪念碑自苏联解体以来的新生，决定了胜利纪念碑综合体在 1995 年的最终圆满完成。此时距离胜利纪念碑综合体开幕时间只剩下两年时间。

卢日科夫自 1992 年成为莫斯科市长以后，决定解决胜利纪念碑的遗留难题。客观上说解体后的俄罗斯才具备了解决胜利纪念碑综合体的条件，这也是摆在新任市长面前义不容辞的责任。在卫国战争胜利 50 周年到来之际，胜利纪念碑的建成也是给全国人民、老战士必须的交代。在与雕塑家采利捷利共同沟通协商后，一个象征战士刺刀形的纪念碑造型在卢日科夫的脑中逐渐清晰起来，这是革命前俄国士兵所用的刺刀造型，把它放大到一定比例，将俄罗斯传统三角形刺刀的造型与纪念方尖碑相结合，以此象征伟大的卫国战争的胜利。苏联解体后，象征苏联时代的一些形象被摒弃，时代需要寻找一种新形象来象征胜利，这看似简单的问题一时成为困扰政府和艺术家的难题。正如当年工程师和艺术家被托姆斯基方案巨大旗帜的施工和安全所困扰一样，如今又在为寻找新的胜利象征物而绞尽脑汁。终于在 1993 年 3 月 27 日这天，当卢日科夫在纪念碑素描稿上签下自己名字的时刻，胜利纪念碑命运的谜团才最终被揭开。

胜利纪念碑主碑的设计，经历了雕塑家和建筑师几十年的努力，经历了数次公开竞赛角逐、评选优秀方案、奖励获奖者，听取广大群众意见等，最终以这样一个可以说颇具戏剧化的方式结束。主碑方案以这样一个方式诞生，可以说超出了所有人的意料之外。

回溯历史，我们发现，像胜利纪念碑这样经过数年竞赛仍没有选出最终方案的情况虽然只是个例，但并非绝无仅有。极端情况下，政府当局会采取非常措施和解决方案。例如莫斯科果戈里纪念碑，1880 年俄国政府公布了果戈里纪念碑的竞赛方案，并组成权威的评审委员会对参选作品进行评选，设立奖项，进行展示等，但是最终没有选出可以实施的设计方案。设计竞赛一支延续到 1906 年，仍然没有结果，最后政府当局不得已宣布不再进行纪念碑的公开竞赛。莫斯科市杜马主席古奇科夫最终拍板，在特列恰科夫画廊艺术家奥斯特洛乌豪夫的建议下，将纪念碑设计的重任全权委托给著名雕塑家安德列耶夫（1873 ~ 1932 年），“除了造价，其余所有事务均由艺术家全权决定”。艺术家只用了两个半月的时间就完成了果戈里纪念碑的塑像工作，完成了近 1/4 世纪全国竞赛没有能够完成的工作。[①] 在胜利纪念碑的案例中，我们可以看到与果戈里纪念碑类似的情况，当经过马拉松式漫长的竞赛角逐仍然没有结果的时候，政府常常通过全权设计委托进行干预。

在胜利纪念碑自身漫长的设计历史中，我们不难发现，设计竞赛与委托设计，或者说公开竞赛与小范围的非公开竞赛是交替进行的。在 1941 ~ 1945 年的战争年代，由战时的友谊赛发展到全国竞赛；1958 年确定在俯首山建造纪念碑以后，在全国范围内进行过公开的设计方案竞赛，这次竞赛没能选出合适的实施方案。1960 年又举办过一次非公开的邀请赛，可还是没有结果。在竞赛无果后，政府决定将设计方案委托给雕塑家武切季奇负责，虽然武切季奇的设计方案已经接近实施，但最终还是功亏一篑，1974

---

① 《Сердце на палитре-Художник Зураб Церетели》, Лев Колодный , Москва《Голос-Пресс》2003 г. ст,197.

年他抱憾地离开了人世。托姆斯基接手，尤其是戈尔巴乔夫改革以来，当局计划将托姆斯基的设计方案《胜利的旗帜》作为最后的实施方案，并着手准备进行实施。但是命运不济，托姆斯基方案遭到了社会大众及媒体的强烈反对。1987 ~ 1991 年，当局又重返纪念碑设计竞赛。在当时的社会条件下，不可能也最终没能选出合适的实施方案。苏联解体更使有关纪念碑的一切工作停滞。厌倦了竞赛，也厌倦了来自各方的指责与批评，历史又回到了原点，回到了果戈里纪念碑式的委托，莫斯科市市长卢日科夫全权将纪念碑交给采利捷利来完成，才将持续了半个世纪悬而未决的难题最终画上了句号。通过以上事实可以看出，在苏联纪念碑的设计历史中，如果设计方案没有最终定下来，或者说没有最终建造成功，从历史上看还是存在很大变数的。另外在重大纪念碑设计没有选出合适的方案之前，政府往往会采取社会公开竞赛和艺术家委托相结合的方式交替进行。

另外纪念碑设计竞赛与方案实施并不是绝对挂钩的，设计竞赛的第一名并非意味着是实施方案。在胜利纪念碑的历次获奖案例中，第一名的获奖作品并非意味着就能实施。例如 1991 年 8 月之后的竞赛，雕塑家阿尼库申提供的解决方案获胜，雕塑家用母亲和孩子的形象替代战士的形象，但是这一方案由于老战士们的坚决反对而未被实施，他们提议用高度超过 100 米的三角形方尖碑代替任何一个人的形象。同样雕塑家采利捷利的竞赛作品在历次的竞赛中也只是获得过一般的优胜奖，却最终成为政府委托的对象，成为在纪念碑设计及纪念馆室内装饰方面具有决定权的艺术家。

经历了多次全国竞赛选拔没有任何结果，人们已经对竞赛感到疲惫和厌倦，各种社会上的批评及舆论导向让人眼花缭乱，无从选择，迫使政府做出委托的决定。但是胜利纪念碑的时代毕竟不同于果戈里纪念碑的 20 世纪初，其中最重要的区别是在苏俄的纪念碑设计史中从未有像胜利纪念碑这样民众广泛参与的先例，也从未有民众对纪念碑设计导向产生过如此重大的影响力。

胜利纪念碑在苏联解体前的一段时间里，其设计导向在相当程度上是由大众及传播媒体决定的。一个纪念碑设立能够体现这样的“公共性”、“民主性”，民众在纪念碑的设计上能够拥有这样大的影响力，这在苏联纪念碑的历史上还从未有过。

但另一方面，在纪念卫国战争胜利50周年即将到来之际，承受的压力和困难日趋明显，当局经历了数十年无数次的全国公开竞赛，浪费了大量的财力物力，这些原因迫使卢日科夫作出决断，将设计任务全权委托给艺术家个人，委托给他信赖和欣赏的艺术家（图5-1）。因此胜利纪念碑也被人们称为卢日科夫-采利捷利式的纪念碑。

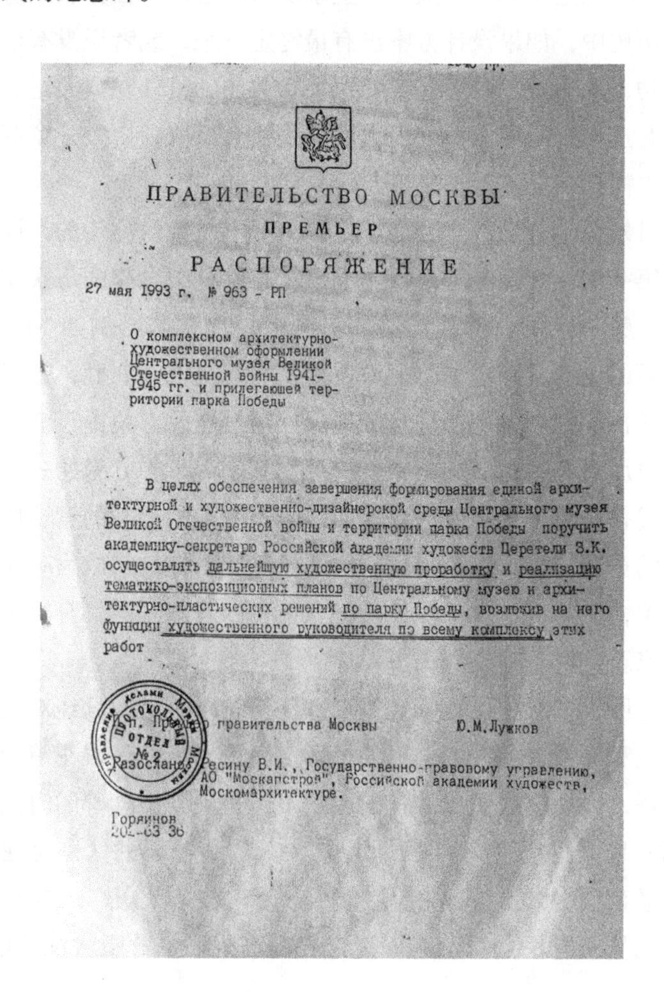

ПРАВИТЕЛЬСТВО МОСКВЫ

ПРЕМЬЕР

РАСПОРЯЖЕНИЕ

27 мая 1993 г. № 963 - РП

О комплексном архитектурно-художественном оформлении Центрального музея Великой Отечественной войны 1941-1945 гг. и прилегающей территории парка Победы

В целях обеспечения завершения формирования единой архитектурной и художественно-дизайнерской среды Центрального музея Великой Отечественной войны и территории парка Победы поручить академику-секретарю Российской академии художеств Церетели З.К. осуществлять дальнейшую художественную проработку и реализацию тематико-экспозиционных планов по Центральному музею и архитектурно-пластических решений по парку Победы, возложив на него функции художественного руководителя по всему комплексу этих работ

П. Премьер правительства Москвы Ю.М.Лужков

Управление делами Мэрии Москвы ПРОТОКОЛЬНЫЙ ОТДЕЛ № 2

Разослано: Ресину В.И., Государственно-правовому управлению, АО "Москапстрой", Российской академии художеств, Москомархитектуре.

Горячов
202-63 36

图5-1　莫斯科市市长卢日科夫签署的任命采利捷利为纪念碑总设计师的文件，1993年5月（图片来自胜利纪念碑档案馆）

苏联解体之时，胜利纪念碑处于停工状态，距离1995年5月胜利日的时间已经不多，胜利纪念碑整体工程及主碑的设计建造需要尽快完成。1993年3月的胜利广场上还是静悄悄的，没有一个工人。漫长而严寒的冬季似乎不愿离开，大片大片的雪花被疯狂肆虐地撒向空中，咆哮着乱舞。胜利广场上巨大的塔吊被冻得僵直，铁臂上覆盖着厚厚的白雪不自然、突兀地伸向空中。不过毕竟已经是初春的三月，就像列维坦的名作《三月》所揭示的一样，艳阳和寒风中带着一丝春意。春天是新生的象征，是全新的开始，胜利纪念碑主碑即将迎来它重生的春天。

第二节 社会舆论中推进

1993年，雕塑家采利捷利接手胜利纪念碑的任务后，着手进行纪念碑的设计细化和结构实施，但是纪念碑刺刀形的设计方案遭到了来自社会各界的批评与不满。批评的声音有来自艺术家雕塑家专业领域的，也有来自其他专业领域的，立场不同，角度不同，自然对纪念碑的看法也不同。

社会生活领域主要围绕将如此重大的项目全权委托给一个人决定等重大原则问题提出质疑。

来自专业界的批评主要围绕纪念碑造型及其意义、工程结构的施工安全等方面，主要包括这样几点：

来自专业批评者认为，被杀死的龙的形象和“切开的香肠”过于相似，一段一段的圆柱体龙身看上去和生活中切开的香肠自然发生了关联。不长的一段龙身被切成了较为平均的6段；另外比较多的专业人士认为，胜利女神和天使形象没有形成比较理想、优美的轮廓，却有一个看上去非常奇怪、莫名其妙的外形，这样的造型和结构也大大增加了施工难度。“乔治杀龙，就像被切开的涂有纳粹党徽和共济会标志的香肠；胜利女神基本上没有优美的外形可言，却增加了和主碑连接的复杂。”[①] 巨大而沉重的雕像被吊在 100 米的空中，垂直悬挂在方尖碑上面，在恶劣气候的自然面前能否经得住考验，虽然设计师坦言经过缜密设计计算，纪念碑承重没有问题，但还是不能说服许多人对施工安全性的担忧。

有的美术理论家从纪念碑主碑和纪念馆的关系上对设计提出了批评：“以一个巨大的方尖碑代替一组巨大的人物雕像放在纪念馆前面，这完全将纪念馆抹杀在脚下，你越是走近方尖碑，越是觉得纪念馆的高度在降低，距离自己越远，好像要消失在地面以下，方尖碑让人联想起煤气管道”。[②]

对作者专业上的抨击、贬低评价一时间喧嚣尘上。有人把纪念馆上面的天使称为“山姑娘”，把纪念碑上面的浮雕嘲笑为一把典型的高加索民族刀具上的錾花，为什么把高加索的刀具錾花放大到这样巨大的尺寸等，这样的嘲讽相对于那些对作者本身激进的人身攻击还算是温和的。

“三角刺刀形的纪念碑造型，在国际惯例中被禁止使用，另外它的历史来源与纪念的内容也不相符”。三角刺刀象征战争和战争所带来的苦难，这和当前国际社会主导的人道主义精神不符，有人提出刺刀的造型过于血腥，代表着战争与侵略，这违背了我们纪念的目的是为了和平与更好生活的目的，因此用刺刀作为胜利象征物是不合适的。另外还有人提出，为什么我们要用一个沙俄时代的刺刀象征苏联时代的胜利？能够这样替代和象征吗？为

① 原文为：“Змей, побежденный святым Георгием, предстает как рубленая докторская колбаса, разрисованная свастикой и масонскими знаками”; “Богиня Ника практически не имеет выгодных силуэтных точек, зато поражает сложностью крепежа к стамеске”. 引 自：«Сердце на палитре-Художник Зураб Церетели», Лев Колодный , Москва«Голос-Пресс»2003 г. ст,212-213.

② 原文为：“Предполагавшиеся когда-то многочисленные гигантские статуи заменил одни гигинтский шпиль, воздвигшийся перед музей и совершению «убивший» низкое здание. Чем ближе подходишь—тем выше шпиль и тем ниже опускается, словно в землю уходит, музей.Шпиль удивительно напоминает газовую трубу...” 引 自：«Сердце на палитре-Художник Зураб Церетели», Лев Колодный , Москва«Голос-Пресс»2003 г. ст,213.

什么不选用苏联二战时期的武器作为胜利的象征？有人把纪念碑在阳光下的投影看作是不吉利的象征，认为如果被这样的阴影遮挡是可怕的、是不祥的兆头。“刺刀不能净化心灵，带给我们信心、理性与和平，它只能是威胁”。这些问题主要是围绕纪念碑造型取自沙俄时期的刺刀而产生了象征意义上的歧义。

圣乔治教堂的内外装饰工程采用了铸铜的手法，采利捷利设计制作了5口大钟，这种非东正教传统装饰的做法也遭遇到虔诚信徒的不满：“一辈子在教堂陪伴圣像画和钟声的神父，一开门便听到违背东正教教规的钟声传来……采利捷利铸造的钟发出了那么恶劣的声音，不是应该听到的东正教钟声……”；“毫无音律的胡言乱语”[①]针对这些指责还特别成立了专门的专家委员会对大钟进行检测，在社会上引起了不小的争议。

据政治人士分析，当时俄罗斯社会政治局势混乱，采利捷利被卷入了俄联邦和市政当局的政治争斗中。国家重要的电视传媒（俄罗斯公共电视台 O P T，俄罗斯第一电视台）在大众新闻传播方面的负面报道，增加了市政领导的压力。有人指责胜利纪念碑是“把神圣的俯首山推平，代之的是糟蹋人民的钱财”，“为领导者树碑立传，是莫斯科领导阶层借此捞取政治资本的行为”。[②]在这样的政治风波中，采利捷利和莫斯科市市长卢日科夫自然成了俄联邦反对力量借助纪念碑进行攻击的对象。

但是不管经历怎样的批评磨难，胜利纪念碑综合纪念体必须在1995年5月9日胜利节当天如期完成。在此之前的几个月里一直伴随着舆论的抨击，现场所有人都在昼夜加班加点地赶工。胜利纪念碑在卢日科夫市长和采利捷利的坚持下，在支持者们的共同努力下终于顺利完成，等待它的是卫国战争胜利50周年庆典的到来。

---

① 详见：«Сердце на палитре-Художник Зураб Церетели», Лев Колодный , Москва《Голос-Пресс》2003 г. ст, 208.

② 详见：«Сердце на палитре-Художник Зураб Церетели», Лев Колодный , Москва «Голос-Пресс»2003 г. ст, 214.

第六章　胜利新象征《圣乔治杀龙》

第一节　方尖碑与圣乔治杀龙

马出现，
手持茅，
龙头断，
尾和鳞。[①]

这段俄罗斯诗歌描述的是帕斯捷尔纳克《童话》中的英雄圣乔治英勇杀死恶龙的故事。

圣乔治在俄语中常冠以“胜利者”、“神圣的”、“勇敢的”、“伟大的殉道者”的称谓，是杀死蛇怪（恶龙）的英雄。圣乔治在俄罗斯具有特殊的精神象征性，是“勇敢与牺牲、殉道与救赎”的化身，还是俄罗斯军队和莫斯科的守护神。“乔治杀龙”源于基督教徒乔治杀死恶龙（在俄罗斯恶龙转变为恶蛇），拯救少女的宗教故事：公元273年，乔治出生于黎巴嫩卡帕多西亚的一个忠诚的基督教家庭。当地的山脚下有一个大湖，湖中有一个巨大的恶龙，它每天从湖里出来吃人，国王没有办法，只得下令人们用抽签决定是谁把自己的孩子送给恶龙享用，最后轮到了国王自己，他只得把自己唯一心爱的女儿送给恶龙。那天打扮十分美丽的公主悲伤地来到湖边准备送死。这时骑着白马的乔治来到她的身边，她劝阻乔治离开，免得两人一同被恶龙吃掉。当恶龙出现，张开

① 原文为:“И увидел конный,И приник к копью , Голову дракона,Хвост и чешую.”引自 : «Сердце на палитре-Художник Зураб Церетели», Лев Колодный , Москв а «Голос-Пресс»2003 г. ст, 211.

大口准备吃掉公主的时候，乔治胸前划十，口中念道，“以圣父、圣子和圣灵的名义”，用利矛猛地刺向恶龙的喉咙，将恶龙杀死，挽救了年轻公主的性命。城中25000名民众感恩于乔治的圣行，皈依了基督教，乔治也从此成为正义战胜邪恶的象征。在其他文献中，乔治还是一名智慧而勇敢的罗马高级军官，公元303年，他因捍卫基督教仪受尽酷刑，被罗马异教皇帝戴克里宪杀害，后来乔治被尊称为圣徒。

俄语音译中，“格奥尔基”（Георгий）这个名字其实就是英语中的乔治（George），都源自希腊语“Georgos”，意为“庄稼人”和农业神。所以在俄罗斯民间圣乔治还是农业的庇护者，每年俄历4月13日和11月26日是他的纪念日。

很早就有艺术家在作品中描绘过圣乔治的形象。文艺复兴时期拉斐尔在自己的作品中曾描绘过，雕塑家多纳泰罗也曾做过乔治杀龙的雕塑，历史上有关圣乔治的艺术作品很多。俄罗斯14世纪的一幅圣像画，描绘有圣乔治身披铠甲战袍，骑着骏马，将手中长矛刺向马蹄下妖蛇口中的情景，这幅圣像画中的图像后来成为莫斯科市徽及俄罗斯国徽的组成部分。因此俄罗斯国徽双头鹰的中间乔治杀龙的图案，是捍卫正义、惩处邪恶、保卫祖国、善良战胜邪恶的象征。

方尖碑是传统纪念碑主要的表现形式之一。源自古代埃及，也是古埃及重要的建筑形式之一，有祭祀、纪念与装饰等宗教与建筑上的功能。传统上方尖碑一般是用整块的石头长高按照一定的比例（一般为9 ~ 10 ：1）雕琢而成，造型呈尖顶方柱状，由下而上逐渐缩小，顶部以一个金字塔形收尾。顶端的金字塔状常以金、银或者合金等包裹。当旭日东升的阳光照耀在塔尖时，闪闪发光，以此象征太阳的光芒。因此在古代埃及方尖碑有祭拜太阳神（阿蒙）的祭祀功能。另外古代埃及方尖碑上常常阴刻有象形文字，记录着法老在位时间等重要信息，是纪念性功能的体现，也是帝国权威强有力的象征。后来古罗马效法古埃及的方尖碑做法，将方尖碑广泛立于城市的重要场所。世界上有许多非常著名的方尖碑，例如：美国的华盛顿纪念碑（169 米，1885 年）、巴黎协和广场的方尖碑（23 米，1836 年）、布宜诺斯艾利斯为建市 400 周年建造的方尖碑（67.5 米）等。

雕塑家涅伊兹维斯内[①]在 1962 年曾有过在俯首山建立一座高 80 米的方尖碑的设想，并在方尖碑的下面设计有胜利女神雕像。这与最终落成方案的想法几乎是不谋而合。最终方案只是把高度提升到了 141.8 米，胜利女神的雕像不是放在方尖碑下面，而是被吊装在 100 米的高空，俯瞰俯首山，与克里姆林宫遥遥相对。

很多人认为莫斯科俯首山的方尖碑造型是以古埃及方尖碑的造型为基础变化而来，其实不然。胜利纪念碑主碑与传统方尖碑最大的不同是其三角形的剖面和不直接落地的碑身。这一造型源于十月革命前俄罗斯步枪刺刀的造型。我们从下面的全景图中可以清楚地看到这点特征（见书后彩图 6-1 ~ 6-3），三角形的刺刀底部是一个椭圆形的刀托，刀托下面是象征枪体的花岗石部分。花岗石部分的造型和上面铸铜的刺刀并非垂直的关系，而是有些错落，这些特征充分显示了步枪刺刀和枪体的关系特点。另外因为是刺刀造型，所以在碑身的比例上也明显不符合传统方尖碑的 9 ~ 10 ：1 的比例关系，差不多达到了 20 ：1 的比例，因此纪念碑整体看起来显得很细高而瘦长。细长的碑身与上面的胜利女神雕像还在建造之初就被莫斯科人戏称为“针定住了带翅的甲壳虫 - 女神”。从远处看，胜利女神及天使的样子被简化成一个类似翅膀的剪影，有点奇怪的造型使得诙谐的俄罗斯人给了她这样一个形象可爱的称呼。

胜利纪念碑主碑高 100 米的地方，是一组三人雕像，总重达 30 吨。位于中间的是胜利女神，高 18 米，重 24 顿，她右手拿着

---

① 恩斯特·涅伊兹维斯内（1925 ~ ）：苏联和美国雕塑家。1962 年赫鲁晓夫在一个现代艺术展览上曾嘲笑他的作品，并批评他的作品是“堕落的艺术”。但赫鲁晓夫又要求恩斯特·涅伊兹维斯内完成自己的墓碑设计，他将赫鲁晓夫的墓碑设计成黑白两种石材组合成抽象的造型，在苏联墓碑设计艺术中别具一格。著名作品有《悲伤的面具》等。为俄罗斯联邦国家奖金获得者。

金色的花环，左手高举，这是胜利的象征。她的身边是两个小天使，正吹响金色的号角，她们从 100 米的高度俯身前方，仿佛是要从天上缓缓飞落而下。方尖碑上的胜利女神和其东面凯旋门上站在 6 匹马上的胜利女神形成了呼应，凯旋门上面的胜利女神也是右手拿着金色的花环，她们两个相向而行，一个策马急奔，一个从空中缓缓飞落，横跨她们中间的是象征战争的 1941 ~ 1945 年的石碑轴线，这一场景也体现了作者将历史纪念物凯旋门与胜利纪念碑一起统筹设计的思想。

胜利女神正下方地面的近人尺度，是圣乔治杀龙的雕像（图 6-2）。雕像高 12 米，表现的是圣乔治跃马扬矛，正将恶龙杀死的情景。恶龙已经身首两处，头已经垂到了基座的边缘上，好像即将滑落到地面。身体被斩断成五段，被截断的身体上恶龙的鳞片逐渐演变成象征法西斯纳粹的万字形标志，自然使人联想到乔治杀龙是粉碎法西斯侵略的象征。

方尖碑刺刀的下方是寓示粉碎法西斯的乔治杀龙雕像，刺刀象征着残酷的战争，位于刺刀上方的胜利女神自然象征着通过战争、流血与牺牲换来的胜利。这样的处理方式构成了胜利纪念碑主碑设计上的完整叙事。而在刺刀形的方尖碑体上，介于胜利女神和乔治杀龙之间，即介于粉碎法西斯和最终到达胜利之间，按照时间顺序，以浮雕形式展现了整个战争过程，例如莫斯科保卫战、列宁格勒围困与突围、库尔斯克大会战等重要战役均有表现，以形象的方式让人们了解胜利的来之不易。这样的设计完成了对于战争具体过程与细节的补充叙述。

胜利女神 18 米的大小是为了让观众在中远距离上观察与欣赏的，应该说与纪念主碑在一起形成的整体效果是决定胜利女神大小的关键，因此是纪念主碑不可分割的一部分，是形成纪念主碑整体效果不可或缺的因素。乔治杀龙总高 12 米，坐落于地面上，考虑更多的是与人们近距离的情感沟通与交流。这样就达到了大型纪念碑视觉设计与情感交流的基本要求，即近景、中景和远景都各有可观的重点，在内容和形式上又存有相互叙事上的关联，共同构成了对历史事件、对纪念主体宏伟完整的艺术表述。

第二节 纪念教堂

俄罗斯并非理智可以悟解，
普通的尺度无法对之衡量：
它具有的是特殊的性格——
唯一适用于俄罗斯的是信仰。①

——丘特切夫

一、苏联时期对待教会的态度及转型期的宗教复兴

长期以来，俄罗斯信奉东正教，实行政教合一的政策。十月革命以后，政教分离，早期政府对待教会的态度并非是完全的取缔与压制状态。列宁时期对待宗教的态度比较温和，斯大林执政以后对待宗教采取了较为严格的政策。“1917 年十月革命前，俄国是政教合一的国家，东正教是它的国教。十月革命胜利后，列宁认为，在社会主义革命和建设时期不能人为地向宗教宣战、消灭宗教，而是要创造社会主义制度和宗教共存的条件。因此，列宁提出了信仰自由原则，在苏联实行了政教分离政策。列宁逝世后，斯大林提出了肃反扩大化的理论和政策。”②

1926 年 11 月，苏联政府颁布了《苏俄刑法典》。这部法典对宗教活动做了种种非常严厉的规定和限制。③1929 年 4 月 8 日，全俄中央执行委员会和俄国苏维埃联邦社会主义共和国人民委员

① 转引自：尼古拉·别尔嘉耶夫．自我认知 [M].

② 乐峰．俄国宗教史（上卷）[M]. 北京：社会科学文献出版社，2008.

③ 例如第 122 条规定，在国立或私立学校中，向幼年人或未成年人教授宗教教义，或者违反对此所规定的法规的，判处一年以下的劳动改造；第 126 条规定，在国家或公共机关、企业中举行宗教仪式，或者在上述机关、企业中悬挂某种宗教的画像的，判处 3 个月以下的劳动改造，或者 300 卢布以下的罚金。（上述宗教法律条文转引自：苏联宗教政策 [M]. 北京：中国社会科学出版社，1980.）

会颁布了《关于宗教组织》的决议。这一决议对宗教组织的申请、登记、批准和使用的建筑物、财产等权利做了非常详细、具体而严格的规定。①

斯大林时期发起了大规模的肃反运动。对宗教、教会、神职人员、教徒进行了限制、压制、打击、取缔和迫害；对宗教设施进行了没收、关闭、拆除和破坏。例如“1929 ~ 1930 年间是烧毁教堂的高峰时期。在 1930 ~ 1934 年间，修道院和教堂减少了 30%，在被破坏的教堂和修道院建筑中，大多数具有历史、艺术和考古的价值，如莫斯科克里姆林宫内的丘多夫大教堂、红场旁边的契尔文斯基圣母堂、列宁格勒彼得帕夫洛夫斯基广场上的圣三一大教堂、乌克兰布良斯克边区的斯温斯克修道院都被一一破坏了。”②

到了赫鲁晓夫时期，1959 ~ 1964 年的“反宗教运动”，使 2/3 的（约 7000 座）教堂、许多修道院和神学院校被关闭。据报道，仅在 1960 ~ 1961 年，一年内全国就关闭了 1215 座教堂。③

20 世纪 80 年代，戈尔巴乔夫时期实行了宽容、开放和民主化的宗教政策。戈尔巴乔夫在 1986 年 3 月苏共第 27 次大会上宣布：“国家将致力于改善同教会的关系”，“使教会的合法地位得到改善”。1990 年 10 月，苏联颁布了新的“信仰自由和宗教组织法”。这是自 1917 年十月革命以来苏联在宗教问题上重大的改变。如赋予教会以法人的地位；取消对宗教团体的种种限制；扩大宗教

---

① 例如第 58 条规定，在一切国家机关、社会团体、合作社以及私人机关和企业，禁止举行任何宗教仪式和典礼，也不得放置任何宗教物品；第 17 条规定禁止宗教组织从事组织专门的、儿童的、少年的、妇女的祈祷会和其他会议，举行圣经的、文学的、手工业的、劳动的、讲授宗教教义等一类的会议，成立各种团体、小组和部门，以及组织游览和设立儿童活动场所，开设图书馆和阅览室，建立卫生院和诊疗所；在仅供祈祷专用的建筑物和房间内，只能存放本宗教仪式所必需的书籍；第 18 条规定，禁止在国立、公立或私立学校和教育机构内讲授任何宗教教义 [乐峰 . 俄国宗教史（上卷）[M]. 北京：社会科学文献出版社，2008.] 上述宗教法律条文转引自：共产党和苏维埃政府论宗教与教会（俄文版）[M]. 莫斯科：政治书籍出版社，1959.

② 乐峰 . 俄国宗教史（上卷）[M]. 北京：社会科学文献出版社，2008.

③ 乐峰 . 俄国宗教史（上卷）[M]. 北京：社会科学文献出版社，2008.

团体参与社会政治生活的范围；规定教牧人员和教徒在各个领域享有公民的平等权利；允许政府官员和军人参加宗教仪式等。

戈尔巴乔夫在宗教问题上的政策变化，必然导致宗教在社会生活中发生剧烈的改变：信教人数大幅增加，据统计这个时期东正教信教人数超过 7000 万，占苏联当时总人口的 1/4；宗教活动场所猛增：20 世纪 80 年代初，宗教活动场所 7000 多处，到 1990 年初猛增到 2 万多处；加强了宗教教育，大量增加宗教院校：宗教院校在 80 年代前期只有 16 所，到 1990 年初已增加到 52 所，在校学生由原来的 2000 多人增加到 5000 多人。

所有这些表明，20 世纪 90 年代苏俄社会正迎来传统宗教的复兴：1988 年“罗斯受洗”一千周年被作为对国家具有重大意义的节日来庆祝。1990 年，苏联通过了《关于良心自由和宗教组织法》，保障公民有权信仰任何宗教，所有宗教和信仰在法律面前一律平等，确保各宗教组织有权参与社会生活。同年 10 月，乌拉尔地区的末代沙皇被处决地移交给俄罗斯东正教会，作为纪念性圣地。

这一时期莫斯科“基督救世主教堂”的重建和恢复成为宗教信仰回归与复兴的象征。救世主大教堂本是为了纪念俄国战胜拿破仑，亚历山大一世在位时下令在莫斯科兴建一座大教堂奉献给基督救世主。但是其曲折的命运、多难的建造史本身已经毫无疑问地成为宗教复兴的象征。亚历山大一世并未在有生之年建造完成，直到 1883 年，亚历山大三世在位时才主持了教堂的完工庆典仪式。到了苏联时期的 1931 年，根据斯大林的命令，教堂被拆除，以便在原址上建造一座宏伟的“苏维埃宫”。但是由于地基不稳，地下渗水严重，苏维埃宫未能造成，信徒认为此失败之举源于上帝的意愿和干预。政府最后只得顺水推舟在原址建造了一个游泳池。苏联解体后，在莫斯科市政府的支持下，教堂得以按照原来的设计重建。同时“1991 年把谢拉菲姆 - 萨罗夫斯基圣徒的圣尸移到了谢拉菲姆 - 季韦耶夫修道院，季韦耶夫如今已成为复兴东正教的中心之一。基督诞辰 2000 年的时候，为在苏维埃政权中受折磨的苦难圣徒和传教士做的祷告影响很大，成为宗教和信徒中的重要事件。那年在莫斯科恢复和开放了救世主基督教堂。信徒们把这些变化视为俄罗斯精神复兴的开始。”①

宗教在俄罗斯的复兴，究其原因是根植于俄罗斯民族心灵深处的东正教精神和信仰还在，其“弥赛亚”式的宗教情感与信仰一直以来并没有完全泯灭。正如芬兰民族学家库西所作的精辟分析：“即使我们不再去教堂，忘记上帝，但教堂的钟声依然响在我们心中。俄国知识分子也是如此，他们尽管持无神论观点，但其世界观总是不能摆脱宗教的影响。事情的实质在于，民粹主义的世界观属于典型的、封闭的世界观，虽然形式上是世俗的，但本质上却是宗教的。”② 因此即使是在苏联时期，广大的知识分子乃至底层的俄罗斯百姓东正教传统并未断绝，而是存在于心里和精神信仰中，只是没有公开表露出来而已。那些苏联时期存在于广大乡村农民家里的“红角”就是一个证明。③

二、教会在伟大的卫国战争中的作用

苏德战争爆发以来，苏联东正教会第一时间就号召苏联人民共同抵御德国法西斯的侵略，并积极号召东正教神职人员和广大教徒为国募捐。1941 年 6 月 23 日，即苏联卫国战争开始后的第二天，俄罗斯教会代理牧首谢尔盖发表了具有爱国主义内容的告全体教徒的第一封信，号召广大神职人员和教徒积极参加反对德国法西斯侵略的斗争。“1943 年 5 月，代理牧首谢尔盖给斯大林发了一份电报，请求准许教会在银行里开账户，以便储存全国各地教会人士捐献的国防捐款……1943 年 1 月 15 日，仅在被敌人包围和受饥饿的列宁格勒一个城市，神职人员和教徒为了保卫国

① （俄）亚·维·菲利波夫．俄罗斯现代史（1945 ~ 2006）[M]. 吴恩远等译．北京：中国社会科学出版社，2009. p409 ~ 410

② 鲍里斯·尼古拉耶维奇·米罗诺夫．俄国社会史——个性、民主家庭、公民社会及法治国家的形成（下卷）[M].

③ “红角”一般是指农民家里放置圣像画进行宗教活动的角落。

家就捐献了318万多卢布”[①]，1944年10月，全国教徒捐款已达1.5亿卢布。东正教会将这些捐款用于建造飞机、大炮和坦克以及购置军需用品，以支持卫国战争的需要。并且东正教会还利用教徒捐来的钱财组建了以亚历山大·涅夫斯基命名的飞机战斗队和以德米特里·顿斯科伊命名的坦克大队，这些飞机与坦克的编队都在战争中立下了功劳。

三、圣乔治教堂

圣乔治教堂（见书后彩图6-4）位于卫国战争纪念馆的东面，从主入口处通往纪念碑主大道的南侧，其重要而醒目的位置使人们从主入口的开端就能很清楚地看到，教堂金色的圆顶在阳光下更是熠熠闪烁，极富东正教神圣与庄严。

圣乔治教堂是纪念伟大的圣徒乔治而建。圣乔治是莫斯科的保护神，是胜利的象征。纪念教堂与纪念碑主碑中的乔治杀龙相互呼应，圣乔治教堂内藏有耶路撒冷宗主教狄奥赠送的圣徒乔治的遗物（1998年转藏于此）。另外圣乔治教堂下属还设有宗教学校，教堂负责教育那些在精神方面有障碍的小学生。

以纪念圣乔治而建造教堂是古代罗斯的传统。例如罗斯建筑大师彼得在1119～1130年间建成的圣乔治大教堂，位于诺夫哥罗德附近的圣乔治修道院内，在艺术上达到了很高的造诣；再如建造于12～13世纪上半叶、位于尤里耶夫—鲍尔斯基（Iuriev Polskii）的圣乔治大教堂则带有明显的本土特征等。有资料显示，古代基辅罗斯不但农业已经具有相当发达的水平和高度复杂的规模，当时“与农业周期相联系的各种信仰和宗教仪式以对圣母的崇拜和对圣伊利亚（Saint Elijah）、圣乔治（Saint George）、圣尼古拉（Saint Nicholas）等圣徒崇拜的形式存在至今。”[②]

圣乔治教堂奠基于1993年12月9日，由莫斯科和全俄罗斯

---

① 转引自：波斯彼洛夫斯基.20世纪俄罗斯东正教会（俄文版）[M].莫斯科：共和国出版社，1995.

② 尼古拉·梁赞诺夫斯基，马克·斯坦伯格.俄罗斯史[M].上海：上海人民出版社，2009.

大主教阿列克谢二世亲自主持，1995 年 5 月 6 日胜利节前夕建成。教堂的设计师是波良斯基，圣像画制作是查什金，青铜浮雕由安扎帕利捷和采利捷利制作完成，马赛克圣像画由科留恰列娃完成。

1993 年苏联刚刚解体不久，因此建筑师波良斯基设计的东正教堂分外引人注目。这是因为波良斯基是苏联建筑风格的代表，教堂建造的传统实践在苏联时期是被割断的，苏联时期并未新建过教堂。建筑师如何继承传统，如何重新找回东正教信仰的文化精神，对于一个出身成名于“苏联建筑”的建筑师来说，不能不说是一个很大的挑战。波良斯基很幸运，他所设计的卫国战争纪念馆不但是苏联解体前列宁纪念碑法令的最后绝唱，同时圣乔治教堂还开创了俄罗斯时期第一座教堂建造的先河。这两者如何能在同一个建筑师身上发生？两者体现出的意识形态是完全不同的东西。尤其教堂建筑出自一个地道苏联时代成长起来的建筑师的手中，他的设计能否获得大众和专家的认可？在建筑师波良斯基身上，这些问题是值得进一步研究与关注的。另外需要指出的是，波良斯基于 1993 年病逝，在其病逝后开工建造的圣乔治教堂和胜利纪念馆的内饰装饰工程与波良斯基的设计原貌相比，经过采利捷利统筹设计的改动，已经相差很远。因此客观地说，只是在纪念馆的外观设计以及圣乔治教堂总体外观结构上保持了波良斯基的设计原貌与设计思想。

圣乔治教堂在传统俄罗斯教堂设计的基础上融入了现代主义的元素，因此设计师波良斯基遭受了舆论与建筑界许多批评。许多理论家用对传统圣像画家的要求来要求教堂设计师，称设计师应该用一生的创作奉献给教堂和信仰，而圣乔治教堂对于苏联“御用”建筑师波良斯基来说只是一个设计任务或项目，没有宗教教堂设计深厚的专业积淀，更没有虔诚的宗教信仰。另外，设计被加上了“后现代主义的元素”，是“后现代主义象征下的本土建筑（苏联建筑）”，这样的设计创新是真正的创新，还是表面的抄袭和借用，这与基于传统基础的创新不同，这样的创新会不会反而不伦不类？譬如为了突出教堂体积高而细长的效果，设计师将白色的拱顶表面做成古铜色，这样的结果就像人被削掉了双肩，视觉上不协调。还有以铸铜的手法替代传统圣像画的描绘，给人感觉材料应用上是不适宜的。其他还包括玻璃窗钢结构的利用，这些手法与传统的教堂建筑建造不同，虽然使教堂内部充满了明亮的光线，但是却失去了宗教信仰精神上与光之间微妙的对映感受。一般来说教堂设计更多强调的是继承传统，创新则意味着更多风险。苏联解体期间建造的教堂如果得不到广泛的认可，那么这样的创新一定就会遭受舆论和专业界猛烈的批评。[①]

在教堂内饰上，艺术家采利捷利大量采用浮雕铸铜的手法代替传统宗教画，同样引起了很大的争议。传统上教堂内部的墙壁上是宗教绘画，或者用大理石材料做成浮雕的形式来装饰，以传达宗教信仰中的“圣洁”感，而如果采用铸铜的方式，尤其是大面积采用铸铜手法，深色的古铜色调一般与人们的视觉习惯不吻合。这在形式与视觉心理感受上被认为是对东正教信徒们提出了挑战。另外教堂中有几口大钟是采利捷利设计定制的，钟鸣声也使信众无法接受。他们认为采利捷利的钟会发出一种“极不和谐”的噪声，由此认定教堂内的大钟没有按照教堂钟的规范来做。最后政府不得不对钟的材质和重量等指标进行检测，邀请专家进行鉴定等。

还有一种批评是纪念教堂的位置安放不妥，与背景中纪念碑主碑胜利女神视觉上两者相互影响，无论从主题内容还是视觉感官上都不和谐。波良斯基 20 世纪 80 年代的设计方案在纪念馆和纪念碑的背景中是没有任何其他建筑物的，这样能够保证纪念综合体的视觉完整性。波良斯基自己曾解释保持纪念综合体周边及背景中没有其他城市建筑影响视觉单纯的重要性：“从凯旋门处看纪念碑主碑表现出非常和谐的轮廓，感觉俄罗斯人民英雄的传统和俄罗斯军事武装荣誉的统一。很重要的一点是纪念碑主碑没有

① 参见：http://www.sedmitza.ru/text/1130311.html.

周围建筑背景的干扰，没有对纪念碑主碑的高度形成影响”。[①] 圣乔治教堂的出现，破坏了波良斯基自己设计的卫国战争纪念碑综合体的整体设想，圣乔治教堂也是出自波良斯基之手，这是自相矛盾的。这种安排是否出自波良斯基自己的意愿，我们不得而知。苏联解体后圣乔治教堂被建造在纪念馆的东面右前方，显然突出了东正教信仰的显赫地位，这个事实充分显示了建筑空间与权利话语权的关系，显示了东正教堂被赋予的特殊地位和俄罗斯宗教信仰回归的先声。至于与胜利女神及纪念馆的整体效果是否协调，以及从入口处一眼就能看到教堂和纪念馆及纪念碑的并置关系，这似乎是可以商榷的次要的艺术美学问题。另一方面，这种矛盾的并置关系，也真实地反映了胜利纪念碑综合体在转型期苏俄两个时代并存的特点。

解体前波良斯基设计的胜利纪念馆的圆拱形拱顶是金色的，象征着太阳的光芒，建造的过程中改成了古铜色，如今圣乔治教堂的圆顶则被贴以金箔。金色是教堂顶的传统颜色，从很远处的凯旋门就能清晰地看到，闪闪光亮。教堂钟声悠扬，听着悠长而有节奏的钟声，遥望远处 141.8 米高的胜利女神纪念碑和纪念馆，似乎感到教堂早已存在。人们经过教堂会停下脚步，放下手中的行囊，胸前划十祈祷，然后再匆匆向前赶路。

四、伊斯兰教堂

伊斯兰教堂（见书后彩图 6-5）同样是胜利纪念碑综合体的一部分。为了纪念那些在卫国战争中死去的穆斯林民族战士，1992 年 10 月，莫斯科市政府和俄罗斯联邦文化部决定在俯首山

---

① 原文为：“При подходе к Триумфальной арке главный монумент будет выразительно вписываться в ее контуры, что даст ощушение вдинства героических традиций русского народа и славы русского оружия. Важнейшая особенность восприятия главного монумента-отсутствие городского фона, состоящего из зданий и сооружений, что оказало бы влияние на определение высоты монумента.” 引自：«Проект памятника Победы Советского народа в Великой Отечественной войне 1941-1945 гг», А. Т. Полянски й ,«40 лет Великой Победы Архитектура»1985 г. ст,298.

建造清真寺。

伊斯兰教堂坐落于胜利纪念碑综合体的西部，在明斯克大街和莫斯科通往基辅的铁路轨道交口的地方。1995年3月11日，在建造穆斯林教堂的原址上竖立了奠基石，上面刻着“在莫斯科市政府和俄罗斯中欧宗教管理机构的倡议下，在此我们将竖立纪念清真寺，以纪念那些在伟大的卫国战争中牺牲的穆斯林士兵——我们多民族国家的儿女们。”按照穆斯林的传统，在奠基仪式上，用羊做了祭祀并举行了一次会议，许多市民代表和神职人员出席了奠基仪式，出席仪式的还包括外国客人和伊斯兰国家的大使。

经过两年多的建造，1997年9月6日，在莫斯科庆祝建市850年之际，伊斯兰教堂正式对外开放。开幕式当天叶利钦总统发来贺电，参加开幕仪式的有来自政界、商界和学界的代表，包括鞑靼斯坦总统沙伊米耶夫；巴什科尔托斯坦总统拉希莫夫；哈萨克斯坦共和国总统纳扎尔巴耶夫；莫斯科市市长卢日科夫，以及来自科威特的亚洲穆斯林委员会主席阿德尔·阿布拉赫；来自阿联酋的伊斯兰世界贸易商会副主席阿布拉·雅尔·哈里扎；土耳其宗教事务部长，伊斯兰堡国际伊斯兰大学校长、教授侯赛因·哈桑等。

教堂的设计师是塔日耶夫，建筑师融合了东方伊斯兰建筑的许多元素，将鞑靼、乌兹别克和高加索等地区的伊斯兰建筑风格相结合，创造性地实现了伊斯兰建筑的综合特点。中东、中亚、伊朗等地建造教堂的特点是，主建筑拥有纵深的祈祷大厅，建筑的正殿正立面带有往前突出的方形大门。俯首山清真寺是钢混结构的建筑，表面是装饰性的红色砖贴面和白色的石头镶嵌，建筑主入口是一个巨大的方形大门，上面是红砖和白色的大理石镶嵌，建筑主殿外形呈六边形，周围辅以6个六边形的小厅连接，在建筑主殿古铜色圆锥形穹顶的顶端是金色的半月形新月，这是伊斯兰的象征。主建筑的东南还有一个六边形直径5米、高60米的宣礼塔，同样用红色的砖做表面装饰。在宣礼塔50米的高度有环形平台，这是宣礼员召唤穆斯林信徒做祈祷用的，并配有扩音系统。主要祈祷大厅150平方米的纯白色建筑内部装饰非常细腻，在柱廊、墙面、拱顶、阳台等处辅以伊斯兰特色的纹样雕刻，大厅内部还有2层平台，这是专门为伊斯兰妇女设计的。大厅的入口处还设有壁龛，指示着麦加的方向。建筑还设计有地下一层，底层平面主要是办公区域，并有可供成人和孩子教育的功能，如今这个区域展示的是穆斯林战士在卫国战争中的历史文献。

伊斯兰教堂的建造在当时引起的巨大社会反响，可以说是史无前例的。

转型期的苏俄社会，在寻求重构与认同的过程中发生的各种冲突在穆斯林教堂的案例中我们同样可以强烈地感受到。首先在是否建造伊斯兰教堂的问题上受到来自莫斯科杜马的强烈反对，最终由于市长卢日科夫个人的努力和坚决支持才得以审批建造。但是建造的地方被迫选在胜利公园区域的外部，甚至形容为“被排挤在俯首山之外，相对于同时期高高在上、地理位置优越的东正教堂来说，伊斯兰教堂就在俯首山脚底下。”[①] 不明的游客还以为伊斯兰教堂是与胜利纪念碑综合体完全无涉的一栋建筑。正是这个原因引起了包括伊斯兰组织以外的其他社会民主组织的不满，地域选择的不公平被看成是“宗教上的歧视”与不平等。其结果是伊斯兰教堂引起了超过建筑自身所能引起的国内外社会舆论与关注。从这个角度上说，它虽然地处偏僻角落，但却获得了意想不到更多的社会同情与支持，可以说在莫斯科的历史上还从未有过一幢伊斯兰建筑能够引起政府的如此关注。[②]

社会认同是需要时间来检测的，宗教本无所谓高低贵贱之分，各种宗教信仰应该都是平等的。伊斯兰教堂显然相对于圣乔治教堂优越的地理位置被冷落了，这又是一个建筑权利与空间的无奈。伊斯兰教堂建成后，2009年1月曾发生过反伊斯兰极端主义分子

---

① 详见“现代俄罗斯的清真寺”学术报告，俄罗斯艺术科学院博士斯韦特兰娜·切尔沃娜，http://mosgues-3.narod.ru/statja3.htm.

② 俯首山伊斯兰教堂是莫斯科第四座穆斯林教堂，也是引起争议最大的教堂。

的蓄意破坏事件，两个年轻人曾试图炸毁清真寺教堂，所幸的是他们的行为并未得逞，肇事者被莫斯科当局及时发现并逮捕。[①]

如今当年建造时发生的激烈的社会争论已经过去，来来往往的信众对于教堂的地理位置倒很坦然，他们声称偏僻的位置对于信仰和祈祷来说会更好，不会受太多人干扰。如今每天进入伊斯兰教堂进行祈祷的穆斯林信徒络绎不绝，他们虔诚地祈祷、听经，有条不紊地做着应该做的事情。外面的世界和这里并没有什么关系，当年的舆论争议早已化为尘埃，找不到一丝痕迹。

五、犹太教堂

犹太教堂（见书后彩图 6-6 ~ 6-7）位于卫国战争纪念馆西面偏北一条名为记忆的林荫路上。1998 年 8 月建成的犹太教堂大厅右壁的墙面上有一块铸铜的铭牌，上面写着“为了纪念对犹太人的大屠杀，我们建造了这座教堂”。

犹太教堂始建于 1996 年，是莫斯科俯首山庆祝二战胜利 50 周年纪念综合体的一部分。是按照建筑师扎尔希、布达耶夫和雕塑家梅斯列尔的设计方案建造的，该建筑是集纪念教堂和博物馆功能于一体的设计。俄罗斯犹太人商会领导人古辛斯基是建造纪念教堂的组织者和倡议者，也是纪念教堂的赞助商。犹太遗产和大屠杀的展品在建筑底层和画廊展出，这种集多功能于一体的教堂设计在俄罗斯是独创的。教堂内部祈祷大厅的室内装饰，即使在世界范围内也是装饰最好的犹太教堂之一。

纪念馆内简要陈列着犹太人的历史和在古罗斯的分布情况。俄罗斯的犹太人最早可以追溯到 7 ~ 8 世纪，当时高加索、克里木和伏尔加河一带分散着一些犹太人定居点。古代欧洲东部的犹太人曾参与哈扎尔汉国的形成与稳定。公元 9 世纪，犹太商人到达第聂伯河附近，公元 10 ~ 11 世纪，古代基辅已经形成很多犹太人的殖民地，并形成了特别的犹太人居住区和城门。14 ~ 17

① 这两个极端主义分子是 Давид Башелутский, Станислав Лухмырин，事件可参看：http://www.newsru.com/russia/26jan2009/poklon.html.

世纪，犹太人隶属于立陶宛、波兰和俄罗斯，多从事商业、医生和外交服务等职业。

从 17 世纪到十月革命前，官方基本上是反犹太主义的。

20 世纪以来，反犹太主义的浪潮加剧，1903 年，在基希讷乌发生了 550 名犹太人遭屠杀的悲剧。苏联时期无论从内政还是外交方面都是执行的反犹太主义政策。“犹太人问题”是苏联一个独立的问题。在纪念教堂内陈列着苏联时期反犹主义的政治文件，其中包括剥夺犹太人苏联公民的权利，还有限制生产用于宗教信仰的物品等其他证物。1948 ~ 1953 年发生了对犹太人实行灭绝的“犹委会”案件。苏联时期长期实行对犹太人打压和迫害的政策,结果迫使苏联犹太人的大量外迁。第三次中东战争,“1967 年 6 月，由于六天战争，苏联中断了同以色列的外交关系，但是以色列的胜利引起了苏联犹太人中的民族自我意识的增强。再加上苏联国内也爆发了人民反犹太主义运动，导致苏联犹太人提出离开苏联返回故乡的呼声高涨。从 1971 年到 1986 年，从苏联迁移到国外的犹太人总计有 36 万余人，约占总人口的 0.15%。”①

二战期间德国及其盟国实行对犹太人“种族灭绝”政策，共杀害了 600 万犹太人，其中包括苏联境内的 300 万人。白俄罗斯城市奥尔沙是德国法西斯进入苏联领土后第一个实施对犹太人灭绝的城市。1941 年 9 月，数万犹太人被德军赶到恩格斯大街，这里距离墓地不远，德军把每 3 ~ 4 个犹太人家庭关进一个房间，每天供给 15 克的面粉和少量土豆，犹太人的 25 万卢布存款和 2000 件的金银物品和首饰全部被收缴。两个月以后，德军对外宣布这些犹太人被送往了巴勒斯坦，事实上所有这些犹太人不是被枪杀在犹太人墓地，就是被枪杀在贫民窟，或者市郊的货运车厢里。更多的对犹太人的灭绝发生在基辅的芭比深谷、布雷斯特、明斯克的万人坑、白俄罗斯的特洛斯江茨、哈尔科夫的特洛彼茨

---

① （俄）亚·维·菲利波夫 . 俄罗斯现代史（1945 ~ 2006）[M]. 吴恩远等译 . 北京：中国社会科学出版社，2009.

克深谷、维尔纽斯的波纳尔、利沃夫的扬诺夫斯克集中营等，到1941年年底，包括其他数十个苏联城市在内，已经有超过100万犹太人被德国人杀害。

与欧洲其他国家杀害犹太人的方式不同，法西斯在苏联对犹太人的灭绝不是在隔离状态下进行的，更多是在其他民族的眼皮底下公开杀害。“别动队”是专门杀害犹太人的刽子手，他们递交柏林的报告，始终是以杀害了多少犹太人开始的。在1942年2月的一份报告中，还画了一个棺材，上面写着杀害犹太人的数目。在缴获的德军影像资料中（德国法西斯作为“内部资料”保存的绝密档案），对犹太人杀戮的残忍程度登峰造极，莫斯科电影公司《Dixi》曾以此为基础制作了大屠杀的电影资料。诺贝尔奖获得者艾利·威塞尔曾写道，“不是所有的纳粹受害者都是犹太人，但是所有的犹太人都是纳粹的受害者”。

被德国法西斯迫害的犹太人从未低头，他们以各种方式进行了抗争，有50万犹太人参加了游击队和苏联军队，与法西斯进行面对面的较量。

犹太人反法西斯委员会是20世纪40年代唯一的犹太人社会组织，成立于二战开始不久，当家人是著名的导演、演员米霍埃尔斯。1946年，在主编爱伦堡和格罗斯曼的努力下，记录德军对犹太人大屠杀以及犹太人与法西斯抗争的《黑皮书》在美国出版。1948年1月13日，委员会主席米霍埃尔斯在明斯克被杀害。同年11月，犹太反法西斯委员会被苏联政府关闭，有100多名领导和活动家被以叛徒和间谍的名义逮捕。

犹太教堂内部的纪念馆里，陈列的展品还包括从1953年开始以色列议会授予的国际人道主义者的证书和奖章等。这些国际人道主义战士在德军对犹太人进行疯狂的种族灭绝期间，冒着生命危险挽救了许多犹太人的生命。共有15000名来自不同国家和民族的国际主义战士获得了此项殊荣。在通往耶路撒冷著名的“大屠杀纪念馆”的路旁，种植了纪念树和纪念标牌，其中有我们熟知的瑞典外交官瓦伦贝里，他挽救了成千上万的犹太人；日本外交官杉原千亩1940年从波兰和立陶宛给犹太人签发了6000个签证；德国商人辛德勒，他的事迹已经被导演斯皮尔伯格拍成电影《辛德勒的名单》，可谓是家喻户晓。另外虽然没有存于纪念馆，但特别值得一提的是，1938～1940年间，中国驻奥地利外交官何凤山曾冒着生命危险签发了数千份签证，大量犹太人得以到上海避难。这个史实近年来才被美国历史学家索尔曝光。例如世界犹太人大会秘书长、亿万富翁辛格的父母就是何凤山救的，他非常感激地对索尔说，“我的父母是何博士救的，他是一位真正的英雄，我一定要把他介绍给全世界的人”。何凤山这种国际人道主义精神，受到全世界的赞誉，他因此被誉为中国的“辛德勒”。[①]

---

① 关于犹太教堂的资料数据主要取自犹太纪念馆印刷资料：«Музей еврейского наследия и Холокоста»。更多关于犹太民族历史等资料可以参见：http://jhistory.nfurman.com/index.htm.

第七章 胜利纪念碑建造艺术

第一节 纪念碑时空概念的诠释

一、传统教堂的纪念碑性与时空概念

俄罗斯地域辽阔，人口相对较少，拥有丰富的森林资源。公元 988 年古罗斯受洗以来，历史上俄罗斯民族就信仰东正教，实行政教合一的国策。自古以来人们就把东正教堂建造在山岗、坡地、河湾等显著的地方。因为占据着较高的地势和拥有比较开阔的视野，传统上教堂总是当地标志性的建筑，其高度远远高于其他建筑。从建筑功能上说，教堂不但是人们做礼拜祈祷的场所，在空间上也起到占据并统领周边环境的作用。教堂的这种精神场域和对空间的主导功能，使教堂具有了纪念的特质，具有浓重的纪念碑性。

教堂的"纪念碑性"还体现在其信仰功能与精神价值上，并通过一定的仪式呈现。教堂的信仰及纪念功能,从精神层面对"纪念碑性"的精神构建起到关键的作用。在此"纪念碑性"一词强调的是崇高伟大的"纪念性"，这种纪念性一般伴随着一定的宗教仪式或者表现为虔诚祈愿的外显方式。古罗斯受洗以来俄罗斯民族皈依了东正教，随后在各地建立了成千上万的东正教堂供人们祈祷礼拜。另外依据古罗斯的传统，在战争胜利之后，也会在战争遗址上建立教堂以铭记战争的胜利（例如红场上的圣瓦西里大教堂就是为了纪念战胜波兰人的入侵建立的）。教堂的信仰和纪念功能，与人们的宗教情感作用在一起，实现精神对个体的超越，达到崇高感情上的共鸣，这是教堂纪念碑性的价值体现。

俄罗斯教堂的纪念碑性还体现在日常生活中的节日庆典和风俗习惯上。俄罗斯的许多节日都和宗教相关。“很多地方的习俗节是用来纪念当地农民的非常重要的事情，如村子建立了新教堂或者画成了新圣像……农民年复一年地庆祝这些节日，逐渐成为当地的风俗。节日也因此越来越多。”① 这些例子表明,在日常（宗教）节日庆典的仪式中，在人们平日的生活习俗里，某种礼仪、习俗、仪式等也是“纪念碑性”精神的物化形式。

“时空”观念最早就与信仰相关。我们“即使是最基本的思维范畴，包括时间观和空间观，最初也是用宗教的术语来构建的。例如，‘时间’的概念就是起源于在宗教庆典中计算间隙的长短”。② 人们常常以有限甚至极为短暂的人生“一瞬间”、“刹那”时间来体悟生命的价值，以“虚空”、“色空”、“万物皆空”等概念来参悟时间和空间的意义。无限的时间和空间与人类自身生命的短暂、无常形成对比，宗教中以此引导人们对上帝和神明的膜拜和对自身生命价值的超越，完成对生命、人生意义、救赎等精神上的践行。

另外教堂建筑设计中对“光”的重视及其对时空的揭示、对应关系显而易见。为了让信徒最大程度地感受宗教信仰的魅力，感受精神上被上帝救赎的虚幻与真实，古今中外伟大的建筑设计师都会在教堂的设计中注重“光”的运用。“上帝说要有光，于是便有了光。”有了光才有了人类世界，才有了被我们感知的时空,因此光与时空呈现出最直接的对应关系。“光”是抽象“时空”的现实诠释者，是抽象时空的具象化。在欧洲教堂的内部，我们常常被天顶画的顶光和高高在上的圆拱形装饰花窗透进的光所吸引，觉得那光柔和而神圣，像是上帝赐给我们的光明，引领我们去往理想天国的彼岸。客观地讲，就建筑与光的精神性关联来说，教堂宗教类建筑对光的研究远超其他类型的建筑形式。用光来表

---

① （俄）鲍里斯·尼古拉耶维奇·米罗诺夫. 俄国社会史——个性、民主家庭、公民社会及法治国家的形成（下卷）[M].

② （英）安东尼·吉登斯. 社会学 [M]. 赵旭东等译. 北京：北京大学出版社，2004.

达“时间、空间”在人们心理体验上的感受，用光去塑造教堂的精神场域和虔敬的“纪念碑性”，一直是古今中外的建筑师教堂建筑实践的重要目标。

二、纪念碑对时空概念的诠释

本书强调的“时空”是纪念碑综合体所拥有的物理空间和时间，也包括不同纪念物在不同时间和空间下的时空关系，即横向的空间关系与纵向的时间关系。这与巴赫金的“时空结合体”类似，在有限的纪念碑空间里利用艺术语言将“时空”压缩，在纪念空间与生命体验之间建立关联。

由于俄罗斯特殊的自然环境及人文历史，因此纪念碑呈现出不同于其他国家、民族的个性特点。提起俄罗斯纪念碑，人们首先想到的是宏伟与庄严，大气磅礴，并与周围的环境高度协调与融合。这种特点与俄罗斯拥有广袤的地理空间密不可分，也与俄罗斯传统东正教堂的建造实践相关联。教堂作为对重大历史事件的纪念，设计师在设计建造之初会对周围环境的地貌特点，制高点、设计高度、视觉听觉辐射范围等与空间相关联的因素考虑进去。古代俄罗斯经过长期的教堂建造实践，已经掌握了纪念物与时空的对应关系，掌握了纪念碑各因素与环境的内在关联。

当纪念内容被压缩在特定的时空场域内，通过纪念碑表达特定事件的纪念意义时，纪念碑往往具有极大的象征性。象征也是表达抽象时空概念最常用的手段。俄罗斯纪念碑设计往往通过整合具有象征性符号的象征意义来表达特定时空下的历史事件与纪念意义。除了象征性以外，俄罗斯纪念碑还经常配以叙事性和情节性再现历史事件，这与象征性构成了时空表达上的层级递进关系。通过这样的递进关系能够使历史事件拥有一个完整的叙事，这种手法的使用尤其在大型纪念碑综合体上体现和控制得更加清晰，也更为详尽。苏俄时期建造的许多大型纪念碑综合体可以帮助我们更好地理解苏俄纪念碑的这一特点。

苏俄纪念碑首先通过对纪念碑、纪念场所等纪念物的设置与规划，实现对包括既有历史纪念场所在内的历史空间的整合与控制，形成一个以历史为轴线、空间为统领的新的纪念区域。胜利纪念碑综合体的设计是在充分考虑俯首山的象征性及其周边的纪念场所既已形成的“纪念区域”的条件下，对俯首山做出的整体规划。俯首山周边有凯旋门、库图索夫纪念碑及全景画纪念馆、库图索夫小屋等现有历史纪念物，这些围绕战争历史的重要纪念物、纪念馆已经赋予了俯首山区域整体的“纪念性”性质。因此，在此基础上设计建造的胜利纪念碑综合体提升和进一步强化了该区域的纪念特征。既有的纪念物是在不同历史时期、为了不同目的建造的，将这些不同时空的纪念场所统领在一起重新规划设计的胜利纪念碑，无疑会形成新的时空观念，也是纪念碑对以往时空关系的“整合与重塑”，赋予了纪念碑当代的新意义。这是胜利纪念碑在既有时空关系的基础上对时空概念、纪念区域做出的新的诠释。

除了整体规划上对以往资源的整合利用，在胜利纪念碑设计中，还通过对关键制高点的设计实现对整体纪念场域时空叙事的控制。我们知道传统教堂是通过制高点来实现对空间控制的，纪念碑设计中制高点的控制也是普遍采用的手法。例如圣彼得堡的冬宫广场，就是通过广场中心的亚历山大纪念柱实现对整体广场的空间控制。胜利纪念碑综合体通过一条宏伟的连接凯旋门和纪念碑广场的中轴线，由凯旋门 28 米的高度到 141.8 米高的胜利纪念主碑实现了对整体场域的控制。这样的关系是由两个一高一矮（纪念主碑和凯旋门）的控制点中间连接一条大跨度的轴线形成的（见书后彩图 7-1）。纪念主碑宏伟的高度同时还将后面胜利公园的绿化面积一起统帅进去，构成了综合体整体叙事的高潮，其身后的纪念馆是战争与和平的分界，也是前面中轴线和后面公园绿化的分野，弧形的纪念馆将纪念主碑揽入怀中，面对象征艰苦战争岁月的石碑轴线，仿佛一个巨人张开双臂勇敢顽强地抵御敌人的侵略。而纪念馆身后的胜利公园则是以绿化为主，象征着和平与幸福生活，这是胜利纪念碑第一层主要空间与时间节点的控制。

在相对局部时空控制方面，主要以胜利纪念综合体平面规划为核心，包括轴心大道、纪念教堂、胜利公园、由纪念主碑为中心向四周辐射设计的小路等实现的。轴心大道是通过1941 ~ 1945年抗击法西斯的五段式象征性时间实现对轴心区域空间的控制，五段式划分包括每个相距100米的1941 ~ 1945年五个年份的石碑，加上分别象征五年战争的巨型喷水池，还包括喷水池外围苏德战争中最重要的战役纪念柱，纪念柱上刻有浮雕和铭文。这样在象征抗击法西斯的五年战争中，每一年都是由中轴线上的纪念石碑、两侧的纪念喷泉、战役纪念柱等共同构成了对整个入口轴线区域的控制。另外公园内道路的划分也属于这个层面空间的控制部分，主要包括纪念馆后面中轴线延伸部分以及其他通往教堂的林荫路，这些道路对空间的划分起到统帅作用。通过这些纪念碑综合体实现了对时空关系第二层面的控制。

纪念教堂（圣乔治教堂、伊斯兰教堂、犹太人教堂）实现了对局部环境制高点的控制，实现了除纪念主碑和纪念馆之外广大空间的有机关联。

在更细小的空间控制层面，主要是通过一些小型纪念雕塑分布在公园内的不同区域实现的。这些雕塑计有无名烈士纪念碑、共产国际纪念碑、游击队员纪念碑、人民的苦难纪念碑等。

另外靠近纪念碑广场的入口处，至今还存有一个不大的山坡，这是目前我们能看到的唯一留存下来的俯首山原址，虽然只是一小部分山坡，但具有极大的象征意味（见书后彩图7-2）。山坡的顶端还有一个十字架纪念碑（图7-3），这个木质的纪念碑是当年对俯首山进行综合改建时保存下来移植到山坡上的，它与俯首山遗址一并见证着那段如火如荼的改革热血的岁月。传统的木质十字架如今在宏伟的纪念碑综合体边上显得很特别，其朴素典型的造型让人联想到当年抗击德国法西斯的战争岁月。战场上人们正是用这样简单朴素的纪念碑来悼念战死的战友和亲友们，这样的纪念碑战后曾一度成为人们采用的最普遍的一种纪念形式，成为大型纪念碑设计灵感的源泉。

图 7-3 俯首山遗址上的十字架纪念碑（图片由作者拍摄）

通过以上分析，我们知道胜利纪念碑的时空关系是从大到小，有序、分层进行设计的。其中有气势宏伟的中轴线对称布局，有相对活泼的曲线路面划分；有 141.8 米的制高点对大空间的控制，亦有小型纪念性雕塑对局部环境的丰富和点缀；有大面积轴线广场的硬质大理石铺面，也有保存完好当年胜利公园的原始林木和林荫小径。公园内大面积的绿化象征着和平与幸福，是对当下幸福生活与战争关系的最好诠释，起到了很好的纪念效果。这些设计元素使得纪念碑综合体整体设计语言丰富，空间层次分明，庄严中不失鲜活，整饬中充满新意。

第二节 艺术引领科技

胜利纪念碑主碑的结构设计体现了苏俄纪念碑在雕塑工程学上的优秀传统与成就。苏联时期在大型纪念碑的结构设计与施工实践方面积累了大量丰富的经验。例如 1937 年德国柏林世界博览会上，苏联馆上面矗立的是一个高达 27 米的工人和农民手举镰刀和斧头的雕塑形象《工人和集体农庄》，是由穆希娜创作设计的。雕塑采用不锈钢材料锻造而成，这是世界上首次使用不锈钢材料加工雕塑的范例，有资料显示该雕塑加工的锻造拼接还使用了计算机辅助完成。穆希娜的纪念碑无疑是苏俄纪念碑历史中最重要的案例之一，是苏联纪念碑设计注重艺术美与材料和科技完美结合的经典案例，对雕塑不锈钢材料的普及应用影响深远，开创了不锈钢材料雕塑的先河。

胜利纪念碑主碑的结构设计是来自莫斯科钢结构设计学院的专家们，他们曾为拜科努尔火箭基地设计过导弹发射塔。① 主要设计师是鲍里斯·奥斯特洛乌莫夫②，近 400 米高的阿拉木图电视塔（1983 年）是由他设计建造的。另外他还曾设计过萨马拉电视塔（201 米）、彼尔姆电视塔（180 米）、莫斯科广播电视塔（258 米，2004 ~ 2006 年）等，对于高层钢结构建筑造诣很深。

建筑设计中高层建筑一般采用高度和建筑基础 12：1 的比例关系，但是在胜利纪念碑的设计中采用了 20：1 的比例关系（见书后彩图 7-4）。141.8 米的总高度，下面的基础直径只有 7.5 米，这在建筑史上是绝无仅有的先例。如果不是采用一天 1 厘米的象征算法，采用一天 0.8 厘米的话，在安全与设计的规范性上来说就没有任何问题。20：1 的比例关系引起了一些建筑专家的担心，认为这样设计风险变大。这样的设计还需要特别型号的水泥做基础，并且需要一次浇筑成基础设计需要的造型，以便达到一整块“巨石”的效果。为此还采用了一种特别办法，使之慢慢均匀冷却达 2 个月之久，缓慢自然的冷却能够确保基础部分不会发生开裂、变形，达到最大的牢度。

---

① 为拜科努尔导弹发射基地设计的项目名为“能源”，该项目共涉及 37 项地面基础建设。

② 鲍里斯·奥斯特洛乌莫夫，工程技术学博士，荣获俄罗斯建设者称号，俄罗斯联邦国家奖获得者。莫斯科钢结构技术学院学科带头人（现在名为梅里尼克夫）。曾负责建造的项目有：克里姆林宫大会堂、酒店“俄罗斯”、“博罗季诺”全景画建筑。1964 年以来致力于高层结构与风力相互作用的研究，共主持参与了 40 多个大型项目的建设，发明申请了 79 项专利。主要设计建造成就反映在钢结构高层建造机研究上。鲍里斯·奥斯特洛乌莫夫因为莫斯科俯首山纪念主碑及其安全结构的设计获得了俄罗斯联邦国家奖金。

这块混凝土基础与早在1986年就已经埋下的托姆斯基方案的雕塑基础紧密结合在了一起。① 虽然8年前的基础今天已经起不到雕塑稳定的作用,但是这样两个时代的纪念碑基础结合的"同根性",具有很深的象征意义。当年的纪念碑基础最终没有像种子一样生根发芽,只是时过境迁,深埋地下而不为人所知。

纪念主碑总重达1000吨,其中主碑刺刀造型和上面的胜利女神、天使共800吨,其中女神重24吨,高18米(从地面人的高度看上去因透视原因似乎显得没这么大),天使总重6吨。主碑框架使用特殊钢材型号"0972",专门由乌拉尔奥尔斯克-哈里洛夫斯基炼钢厂冶炼成型。② 炼钢厂在二战期间曾生产坦克车,有着光荣的历史。这种型号的钢材被广泛应用于对强度有特别要求的地方,譬如桥梁、油库、地震以及不稳定地带的建设;纪念主碑三面的浮雕是由英雄城市圣彼得堡铸铜厂铸造的,每一面浮雕分成10块分别铸造,最后再进行拼接;主体钢结构在中央流体力学研究所通过了试验检测,该研究所当年曾在对德战斗中检测苏联飞机的空中生存能力。纪念碑安装使用了德国起重机"利勃海尔",可以保障施工可达149米的高度。

纪念碑的抗震设计为8级以上(莫斯科地震的频率不会多于每千年一次),设计使用期限至少100年。纪念碑内部的检测装置在安装结束后将对纪念碑的任何状态进行非常严格的监控。在100米内的主碑体内,渐次安装了3个波动阻尼系统(图7-5),能够自行调节纪念碑因飓风带来的轻微晃动。第四个波动阻尼系统安装在胜利女神的体内,另外安装在主碑内部和女神翅膀上的其他控件,共有19个设备之多(见书后彩图7-6),这些设备能够"感受到"碑体任何细微的动向,并能及时做出调整。为了确保纪念碑的安全性,"纪念碑被制作成1 : 12的小模型,按照材

---

① "Ника никуда не улетит", Яна ЗУБЦОВА, Иван Луцкий, «Аргументы и факты», 3 августа 1995 г.

② 详见:"Опыт Байконура пригодился на Поклонной горе" , Сергей СОРОКИН, «Вечерний Клуб», 7 февраля 1995 г.

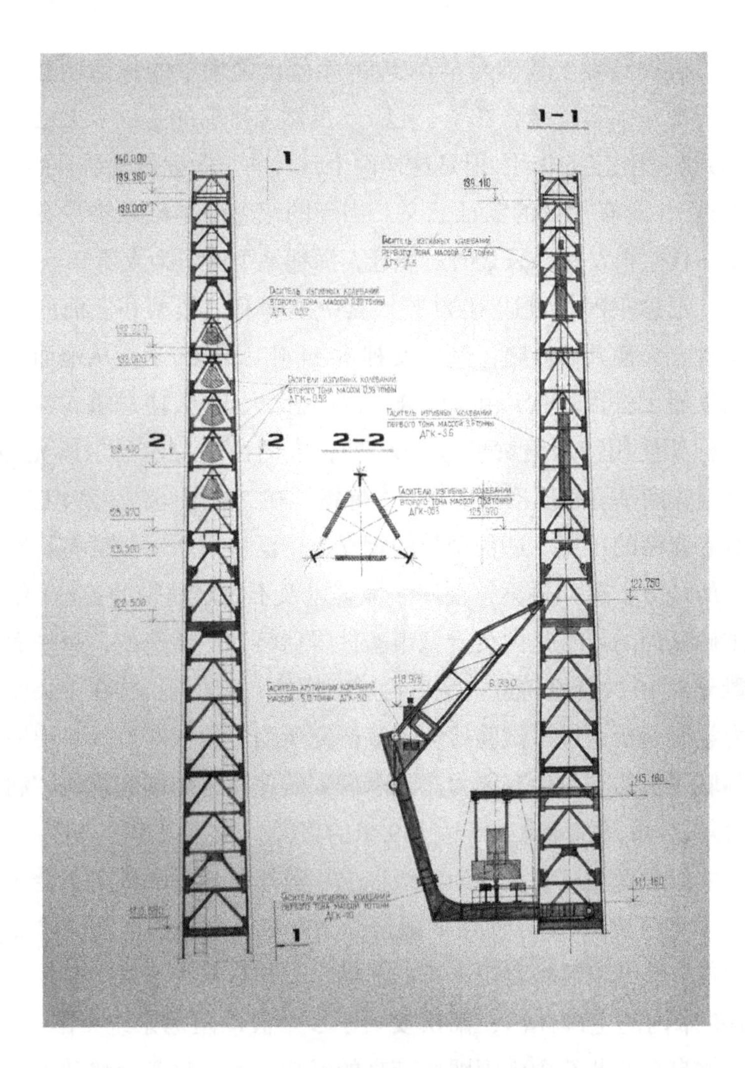

图 7-5 纪念主碑内部结构图（图片引自俄文论文）

料的标准，在风洞中进行过非常科学的实验”。①

在纪念碑的上面还设计有排水管道，这样不至于在下雨的时候，雨水沿着纪念碑体直接冲刷到雕塑下面的基础平台上。

虽然纪念碑主碑经过了多次模拟实验，但是理论上的成功不等于实践的顺利。据报道在 1995 年 2 ~ 3 月，纪念主碑建设进行当中，主碑突然发生了倾斜，倒向了卫国战争纪念馆的方向，

① "Будет буря—мы поспорим!" , Александр РОХЛИН, «Московский комсомолец», 22 апреля 1995 г.

现场立即陷入了巨大的恐慌之中，卫国纪念馆内的数十名工作人员立即被疏离，经过专业人员和设备的及时介入，才将倾斜的主碑拉紧垂直。① 另有媒体认为这次报道可能只是一件不确定的“幻觉”事件，是因视觉错觉造成的恐慌事件。

至今为止胜利纪念碑主碑已经竖立了20年之久，纹丝不动，技术及指标监控显示没有出现任何问题。胜利纪念碑主碑上胜利女神和小天使30吨重量高空悬垂式难题的解决，再次见证了俄罗斯雕塑艺术工程学上的创新意识和取得的不凡成就。

第三节 纪念馆室内装饰艺术

胜利纪念馆内部装饰工程是由艺术家采利捷利负责设计完成的。采利捷利在装饰艺术领域有着多年的艺术实践经验，20世纪六七十年代艺术家就已经设计过许多室内外装饰艺术。早在1965年采利捷利设计了格鲁吉亚煤矿城市奇阿图拉的室内装饰工程，完成了彩色玻璃、吊灯等装饰设计。1966年在莫斯科承接了瓦西里耶夫斯基大街的电影院装饰工程，完成了他在莫斯科的第一个装饰艺术工程。早年艺术家较多使用的装饰手法以彩色镶嵌，马赛克艺术为主，70年代早期开始尝试立体雕塑与空间的装饰。1980年莫斯科主办奥运会时，他曾担任奥运场馆艺术装饰设计的主要艺术家，完成了包括“运动”宾馆等的综合设计。并在七八十年代完成了一系列格鲁吉亚重要的形象工程及苏联驻外使领馆的装饰和其他国际间的文化艺术工程。

作为全权负责卫国战争纪念馆内部装饰的总设计师，采利捷利大量采用了传统永久性材料作为纪念馆的装饰材料，其中以石头和铸铜为主。另外还使用了传统的玻璃镶嵌艺术、全景画艺术、多媒体效果等其他艺术手法与形式。进入纪念馆主入口大厅，两边高大的柱廊前面是苏联元帅和将军的雕像，拾阶而上宽阔

① "Гора родила штык", Алла ШУГАЙКИНА, «Вечерняя Москва», 14 марта 1995 г.

的大理石台阶的中轴线上是花卉及勋章铸就的装饰带（见书后彩图 7-7），这种铸铜和大理石的结合体现了采利捷利使用永久性材料上的风格和思路，恰当的形式感使金石结合获得了非常成功的效果。台阶上面中心大厅外的墙面空间里是以红色为主的玻璃马赛克制成的火焰状装饰图案，象征着如火如荼的战争岁月。

沿着台阶中轴线上来，就是纪念馆中心大厅。圆形大厅的顶端是一个跨度很大的拱形圆顶，气势宏伟，圆顶的中心最高位置是一个圆形的带有苏联胜利文字的红色五角星标志，标志的中间是克里姆林宫的图案（见书后彩图 7-8）。铺成的纪念馆中心大厅室内的白色大理石上镌刻贴金的苏联英雄及战争军团的名字，这种传统沿袭了大克里姆林宫内圣乔治厅的装饰手法。[①] 圣乔治厅在白色大理石的柱廊墙壁上镌刻着 11000 位 1812 年卫国战争期间俄国军官的名字，这是俄罗斯为纪念 1812 年卫国战争而建造的纪念大厅。白色的大理石配上金色的铭文显得庄严肃穆，崇高而伟大。在胜利纪念馆中心大厅的墙面上以同样手法镌刻着二战期间为国捐躯的英雄的名字，墙面上还有俄罗斯英雄城市的纪念浮雕，在中央大厅的中间是一尊英雄战士的纪念雕像，雕塑家是乌克兰兹诺巴，我们可以看出这尊铜像还保留了较多的“苏联”英雄主义式的塑造及表达方式（见书后彩图 7-9），这样的战士形象可能是意在说明战士在特定的苏联时期的身份特点，也可能是转型期俄罗斯雕塑家身份认同的真实反映。但是不管怎样，这尊雕像不完全是典型“苏联式”的，在细微的动态和表面肌理的处理上还是显出了苏联意识形态被抽离、“离场”式的感觉。意识形态被抽离的英雄主义表述使这尊雕像具有了特殊魅力，这是值

① 大克里姆林宫是莫斯科克里姆林宫的宫殿之一。奉尼古拉一世皇帝命令建造于 1838 ~ 1849 年间，由康斯坦丁·顿带领的俄罗斯建筑师团队建造。圣乔治厅是大克里姆林宫内最豪华的大厅。为纪念圣乔治而命名（叶卡捷琳娜二世 1769 年批准以圣乔治命名的奖章成为俄罗斯帝国的最高军事奖励）。圣乔治大厅的墙壁上描绘了一个金质奖章，上面并刻有口号“为了职责和勇气”。这里是沙皇给荣获最高军事奖章的将领们颁奖的地方。如今也是俄罗斯规格最高的政府和外交的接待场所。

得我们特别研究与关注的地方。

在中心大厅的四周，还有6个全景画博物馆，分别描述了二战期间6个著名的战役。如列宁格勒保卫战、莫斯科保卫战、攻克柏林、斯大林格勒保卫战等。这些全景画分别定制于著名的全景画画家，包括来自格列科夫军事画创作室的画家们（见书后彩图7-10）。

纪念馆内珍藏了大量的历史文献资料，包括珍贵的德军无条件投降书、攻克柏林时苏军红旗插上柏林国会大厦的照片等历史文献上万件，另外还包括苏军使用过的、缴获敌军的各种军械。纪念馆中还设有临时展厅、电影放映厅、会议室、老战士厅等各种使用功能的空间。

胜利纪念馆装饰工程是由采利捷利总负责下完成的，我们自然不难发现艺术家个人风格偏好的影子。带有格鲁吉亚民族风格的装饰艺术图案存在于很多整体和细节的装饰中。艺术家个人对胜利纪念馆的装饰非常满意，认为达到了胜利纪念馆所应有的装饰要求，体现了苏俄人民的伟大的卫国战争的胜利，是艺术家个人最喜好和最好的作品。

第四节 雕塑《悲哀》、《人民的悲剧》及其他

在胜利纪念馆底层大厅，沿着柔和的灯光，穿行于象征着天上繁星和宇宙星辰无数个水晶柱下面的中轴线，两边的书柜内庄严有序地陈列着二战的历史文献书籍，中轴线的尽头是一组白色的大理石雕像，雕像在聚光灯的照耀下圣洁而醒目，与周围昏暗的环境光形成了强烈对比。雕像的作者是雕塑家克贝尔，对于他我们并不陌生，1955年他与列·德·穆拉文合作，在上海展览中心创造了一座《苏中友好纪念碑》。他最著名的雕塑作品是位于莫斯科斯维尔德洛夫广场的《卡尔·马克思纪念碑》，因这件作品曾获得“列宁奖金”。

克贝尔为胜利纪念馆创作的这尊雕像名为《悲哀》（书后彩

图 7-11，以及图 7-12、图 7-13），塑造的是一位年轻的母亲在死去儿子面前的悲伤情景。雕塑家克贝尔一改以前苏俄雕塑中对母亲形象的解读方式，赋予了雕塑悲哀中的母亲一个全新的形象。从画面中我们可以看出雕塑家采用的构图与文艺复兴时期雕塑家米开朗琪罗的《哀悼基督》雕塑明显关联。米开朗琪罗是将基督的形象放在了圣母的腿上，圣母左手掌朝天摊开，右手抱住基督的腋下，端坐的圣母形象庄严悲痛，腿上衣纹形成了雕塑构图前景中下半部分重要的内容，雕塑没有另外设计特别的基座。逝去的基督形象是无力的，四肢自然下垂，躯干自然弯曲，除了身体中间部分用布遮盖以外，基督的身体大面积是裸露的，稍稍弯曲的右臂与耸起的肩膀显示出基督身体所遭受的极度痛苦。米开朗琪罗哀悼基督采用的是三角形的构图，显得静穆端庄，圣母在痛苦与安静氛围中怀抱基督，塑造了一种静态的悲伤之美。

图 7-12　雕塑《悲哀》石膏原稿（作者摄于克贝尔雕塑陈列室）

图 7-13 雕塑《悲哀》石膏原稿（作者摄于克贝尔雕塑陈列室）

克贝尔的《悲哀》与米开朗基罗的《哀悼基督》一样，都是表达母亲对逝去孩子哀悼的悲伤。在构图关系上母亲和孩子借鉴了米开朗琪罗《哀悼基督》的样式，但是通过对比我们还是可以看出明显的不同点。如果将基座也看成构图一部分的话，则克贝尔将构图处理成十字架形，逝去的儿子形象更加平展，单独躺在基座上，只有右臂明显下垂，右手食指自然垂向地面，似乎存有最后的力气,还要起来进行战斗。人物只有上半身是裸露的，其余部分被衣纹覆盖，但仍能清楚地看出人物的动态。母亲的形象则处理成似乎是刚刚到达儿子身边俯身下来，头上的头巾因惯性还没有完全飘落下来，看到即将逝去的孩子，母亲自然俯身双手紧合做祈祷状，雕塑家想传达的是母亲与孩子相见瞬间的动态，这与米开朗琪罗的静态处理有很大的差别。克贝尔所塑造的《悲哀》，相对于米开朗琪罗所处的文艺复兴时代，已经是20世纪末期，在雕塑衣纹、动态等方面的处理更加外露富于动感，简洁直接。

作品构图基本形式的借鉴与联想，是为了表达人文主义思想内涵上的认同，是为了在更具有普遍意义上的人类情感上寻求与观众的共鸣，这一点是雕塑家克贝尔在借鉴中所要传达的更重要思想。文艺复兴是人文主义的复兴，打破了中世纪对人思想与行为的束缚，克贝尔作品《悲哀》中我们同样可以感到这种对人类共同情感的体验和人文关怀。作品中关心的只是一位普通母亲，普通的没有任何外表上的特殊性，没有任何暗示，就是一位极为普通的母亲形象，脸部的塑造没有任何个性特征的刻画，更注重人类普遍意义上悲哀情感的传达，当与自己心爱的儿子永别的刹那，作为母亲所体现出的人类共有的特征。这是作者作品背后所要表达的思想内涵。

克贝尔赋予了作品《悲哀》具有现实浪漫主义风格特征，不再指向和背负具体的时代，这样的特征与苏联时代标准的"母亲"形象相比有本质的不同。苏维埃时期，曾有过几个具有代表性的母亲形象，比如斯大林格勒巨大的祖国母亲像、列宁格勒彼斯卡列夫墓地的母亲像、基辅祖国母亲像等。这些著名的母亲雕像是一个时代的象征，代表着苏联时期对母亲形象定义的认同。我们从这些母亲的形象中能够看到一些共同点，譬如极为健壮的身体，甚至有些尚武的精神。她们多数横眉怒目，剑拔弩张，或者伸开双手，表情肃穆，步伐坚定，目光中带着对敌人的痛恨和质问。这些母亲的形象在表达对死者纪念的同时，强壮的身体还意味着祖国——母亲的强大和不可侵犯，承载着意识形态上的象征意义。相对这些特质，克贝尔这个母亲的形象比较"亲切"，她没有承载更多意识形态上的负担，让母亲回归到一个普通人的位置，升华为精神上"圣母"的联想，这些是艺术家创作这件作品的本意。这件作品也成为"苏联雕塑家"克贝尔晚期创作的代表作品，标志着艺术家本人创作思想观念的转变。

克贝尔是一位擅长思考的雕塑家，是雕塑家中的“哲学家”。我们从艺术家早期作品《卡尔·马克思纪念碑》中便能够得出这个结论。面对苏联的解体，《悲哀》从人文关怀的视角告诉我们面对全人类的痛苦与悲伤，艺术家内心深刻的哲学思考。

1996年3月，在靠近俯首山遗址旁安装了一组名为《人民的悲剧》（见书后彩图7-14）的雕塑作品。这件作品是胜利纪念碑综合体的一部分，是为迎接即将到来的5月9日胜利节的献礼。作品所在的地方就在“胜利公园”站地铁出口处不远，通往胜利纪念碑广场中轴线的左手边，因此一出地铁站就能很清晰地看到雕塑的全貌。雕塑的作者是艺术家采利捷利，本件作品是艺术家个人赠送给俯首山的礼物。

但是让人没有想到的是雕塑安装尚未结束，争议就已经开始。4月初莫斯科西部行政长官布尔亚齐欣把一份建议拆除雕塑并移到其他地方的建议书递送到了莫斯科市市长卢日科夫的办公桌上。建议书的主要内容是反映当地居民对雕塑的抱怨与不满以及广场空间被雕塑占据，导致来这里散步的居民的休闲空间不足等。与此同时，一些行政官员联合老战士、当地居民、社会组织联名写信给报纸媒体，以“人民的抱怨”报道出来，“不喜欢，很痛苦沉闷，总的来说，不是我们的风格”（老战士）；“纪念碑还可以，就是太阴郁灰暗了，要改刷一下颜色”（中学生）。[①] 3月5日的《莫斯科共青团真理报》上刊登了一篇名为“又是《人民的悲剧》”的文章，作者加特洛夫在文中感慨俯首山圣地已经变成了雕塑建筑的试验场，而莫斯科则变成了艺术家采利捷利的雕塑试验场，对于作品是采利捷利赠送给胜利纪念碑的，作者尖锐的嘲讽毫不留情：“采利捷利将作品赠送给城市，如果不考虑纪念碑怪诞的因素，或许对城市是有益的。好像我们的孩子不会像我们对待政治

① «Сердце на палитре-Художник Зураб Церетели», Лев Колодный , Москва«Голос-Пресс»2003 г. ст,221.

偶像一样将它们扔进垃圾箱。不是因为政治动机，只是因为他们比我们更清楚明白，虽然‘纪念’和‘排场’两个词在俄语中都是同一个字母开头，但是他们的意义相差太远了”[①]；《莫斯科独立报》4月2日刊登了署名萨维特洛科夫的题为“俯首山可怕的公园——现在让采利捷利自己住在这里”的文章，文章提到俯首山周边的公寓房因为居民受不了这组雕塑的视觉污染而降价卖房准备迁到别处，打开窗子就看到“有的人是像从地狱中出来，有的像是往火葬场走去，雕塑有5倍真人的大小，排着很长队的人们像进入陵墓一般……这里的人们可不想每天面对像活人一样的死人，或者像死人一样的活人。”[②]

雕塑《人民的悲剧》再次成为俯首山人们关注与争论的交点。这一方面是继20世纪八九十年代胜利纪念碑主碑、纪念馆社会争论之后舆论的延续；另一方面雕塑所表达的形式是否能为老百姓接受，也带出了很多新的争论焦点：譬如以这样悲情的主题放在纪念胜利的中心广场内是否合适。当人们在胜利节上载歌载舞，以俄罗斯传统庆祝狂欢节和复活节，茶、甜饼和手风琴欢快的氛围，能否与广场上雕塑所表达的走向死亡的主题调和，会不会出现俄语歌中所唱的“节日中眼中的泪水”那样在欢庆中哭泣？甚至在这样悲伤的雕塑面前胜利的庆祝是否会对雕塑构成“亵渎”？雕塑中人们光头、裸体、瘦弱夸张的形体能否被人们理解与接受等，这些问题再次把胜利纪念碑和采利捷利推向了社会舆论的风口浪尖。

有鉴于此，莫斯科市政府立即组织了专家鉴定团对《人民的

---

① 原文为："Работы Церетели делает как бы даром, городу они даже выгодны. Наверняка. Если, конечно, не думать о том что памятники-капризная, и как бы наши дети не стали их свозить, как мы-партийных кумиров, на свалку.Только не по политическим мотивам. А просто потому, что они лучше нас поймут, что память и помпа только начинаются на одну букву, но понятия разные. Абсолютно." 引自："На поклонной горе опять «трагедия народа»", Андрей ДЯТЛОВ, «Комсомольская Правда», 3 марта 1996 г.

② "Парк ужасов на Поклонной горе", Титус СОВЕТОЛОГОВ, «Независимая газета», 2 апреля 1996 г.

悲剧》进行专家评审，虽然鉴定结果是“雕塑展现了巨大的情感冲击力和深刻的思想内涵，表现出了人类痛苦的悲剧主题。独特的作品构思，非常成功地使用了隐喻、变形等手法，作品能够很和谐地融入胜利纪念碑综合体整体风格中”。[①] 著名艺术史家瓦洛诺夫也给予了雕塑极高的评价，认为《人民的悲剧》是雕塑家最好的作品。但是专家鉴定的结果不能代表老百姓的主观感受，经过对大量经过雕塑的人进行的采访结果表明，《人民的悲剧》并不能激发人们的爱国主义情怀，倒是更多地引发痛苦的感受。[②] 当时报纸上对纪念碑的评论还有很多嘲讽形象化的比喻，譬如把纪念主碑看作“针”,胜利女神比作“甲虫”,《人民的悲剧》是“鬼怪、食尸鬼”等。

正当舆论界争议得沸沸扬扬的时候，莫斯科市政府和国家相关部门开始就如何处理《人民的悲剧》一事进行磋商，政府间的信函往来突然意外地送到新闻媒体手中，报纸上立即刊发了俄罗斯总统叶利钦给莫斯科市市长卢日科夫的函件：

“……必须听取莫斯科居民的意见，再次考量并做出最后的决定”。[③]

信息是从总统事务管理局泄露出去的，总统事务管理局直接领导俄罗斯公共电视台董事会和监管委员会，“新闻直接在两家有影响力的报纸刊登出来，其中一家是改革后新办的报纸，与莫斯科市市长对立，由金融大亨投资主办；另一家从莫斯科西部政府机构获得了‘人民的抱怨’的资料（这份资料同时送到了卢日

① "От трагедии к триумфу", Лев КОЛОДНЫЙ, «Московская Правда», 27 апреля 1996 г.

② "Трагедия" Поклонной горе ", Терентьева. Л, «Комсомольская Правда», 12 мая 1996 г.

③ 原文："---Необходимо прислушаться к мнению москвичей, взвесить еще раз и принять окончательное решение". 引自：«Сердце на палитре-Художник Зураб Церетели», Лев Колодный , Москва«Голос-Пресс»2003 г. ст,223.

科夫手中），同时也被总统行政管理局下属的新闻机构获得”。[①]这样就开始了舆论界继俯首山之后的又一场大战。最终结果是卢日科夫在51周年胜利纪念日前夕，面对新闻媒体改变了以前对雕塑赞赏有加的态度，认为雕塑和周围环境不和谐的，考虑到环境的性质，决定把雕塑移往别处。

1996年9月底，《人民的悲剧》开始被拆迁到纪念馆后面左侧的位置。紧邻卫国战争纪念馆，相对于以前的位置隐蔽很多，从胜利纪念碑的正面是看不到雕塑的。《人民的悲剧》两次建造基础、安装雕塑的花费高达180亿卢布[②]，这部分费用是莫斯科政府责令莫斯科市政建设管理部门负担的。在卢日科夫看来，市政建设管理部门对雕塑放置位置不当的决定应该负有主管上的责任。

胜利纪念碑主要建筑师布达耶夫在谈到《人民的悲剧》时，曾把整个纪念碑综合体比喻为孩子，“我们的任务不是无休止地争论这个孩子是不是漂亮，他迈出的第一步是不是正确，而应该帮助他强壮起来，认识自己和自己在世界上所处的位置。这是我们的孩子，在他的身上继承了我们所有的特点，如果要改变，也需要我们带着对历史、荣誉和先辈的记忆，需要我们所有人以及我们整个国家的努力。”[③]

如今《人民的悲剧》被迁掉的雕塑基础仍然留在原地，一个不高但是很平整宽大的平台一般不为游客所留意。每当节日庆典时这里经常举办音乐会，台上可以供人们载歌载舞，在巨大的人

---

① 原文：Кампанию в прессе повели влиятельные газеты, одна новая, возникшая на волне «перестройки», другая давно известная. одна открыто издавалась на деньги магната, владевшего контрольным пакетом акций ОРТ, злейшего недруга мэра Москвы. Другая, получившая «пакет документов»префекта Западного округа, того, кто отправил записку мэру со словами:«Народ ворчит»,--попала под пресс главы администрации президента. 引自：«Сердце на палитре-Художник Зураб Церетели», Лев Колодный , Москва«Голос-Пресс»2003 г. ст,224.

② "Трагедия народов" продолжается", А.Р, «Московский комсомолец», 30 сентября 1996 г.

③ "Чему поклонимся на Поклонной горе", Владимир БУДАЕВ, «Российская газета», 5 мая 1996 г.

口广场，它并不起眼，但是却见证了那一段令人难忘的历史。《人民的悲剧》从一个纪念雕塑的视角见证了苏俄转型期间社会舆论对政府决策的影响，也反映了人们对二战胜利应如何纪念的认同。

在胜利公园的整体规划中，还包括另外一些纪念主题的雕塑。例如：反法西斯同盟国（战士）纪念碑（见书后彩图 7-15）①、"反抗法西斯的战斗中我们在一起"纪念碑（见书后彩图 7-16）②、无名战士纪念碑（见书后彩图 7-17）③、国际主义战士纪念碑（见书后彩图 7-18）④、俄罗斯保卫者纪念碑（见书后彩图 7-19）⑤、《会师易北河》石碑等（图 7-20）⑥。这些纪念碑是胜利纪念碑综合体规划的一部分，表达了反法西斯战争是世界性战争，是全世界人民的共同胜利。

在伟大的卫国战争纪念馆右翼，靠近行政中心一边是二战军械武器陈列园。这里陈列着二战期间著名的武器和军械装备，包括飞机、军舰、装甲车、坦克、大炮和火车等，还模拟有碉堡、战壕等防御设施。这些真实的军械设备，据说有些非常珍贵，吸引了很多武器爱好者，也很容易使人们还原和感受战火年代，珍惜今日的和平来之不易。其中还有一个小的军犬纪念碑，这些为战争献出生命的人类的好朋友，同样应该被人们铭记（图 7-21 ~图 7-24）。

---

① Памятник солдатам стран-участниц антигитлеровской коалиции, посвящен сотрудничеству стран-участниц антигитровской коалиции в период Второй Мировой войны.07.05.2005.ску: М. Переяслявец, Сергей Щербаков, Салават Щербаков, А. Кузьмин.

② Памятник «В борьбе против фашизма мы были вместе», 2010 г. в память о «Мемориале Славы», разрушенном в г. Кутаиси 19.12.2009 г., ску: А. Ковальчук, арх: И. Воскресенский.

③ Скульптурная композиция «Без вести пропавшие», 1995 г. ску: Зноба В.И, арх: Булаев М.В.

④ Памятник «Погибшим воинам-интернационалистам» - в память о пятнадцати тысячах советских солдат и офицеров героически павших в девятилетней Афганской войне. 27.12.2004 г. ску: С.С. и С.А. Щербаковы, арх: Ю.П. Григорьев, С. Герасимов.

⑤ Памятник «Зашитникам Земли Российской», 1995г.ску: А.А. Бичугов, арх: Ю. П. Григорьев.

⑥ другое название «Дух Эльбы», посвящени встрече советских, американских и союзнических войск 25.04.1945 г. на реке Эльбе в период Второй Мировой войны, 1995 г.

图 7-20　会师易北河石碑，1995 年（图片由作者拍摄）

图 7-21　二战军械武器陈列园（图片由作者拍摄）

图 7-22 二战军械武器园内的装甲车（图片由作者拍摄）

图 7-23 二战军械武器园内的飞机（图片由作者拍摄）

图 7-24 二战军械武器园内的军犬纪念碑(图片由作者拍摄)

第五节　胜利纪念碑工程概况

胜利纪念碑的建造历史漫长而曲折，苏联解体不管从纪念内容还是从工程预算施工上对胜利纪念碑的影响都是巨大的。苏联解体前，胜利纪念碑的总预算造价在1.9亿卢布以内，建造经费来自人民大众自愿捐献的钱款。从1985 ~ 1986建造之初到苏联解体前，虽然纪念碑主碑一直没能选出合适的施工方案，但总的来说纪念馆和胜利公园的建造工作并没有完全停止，只是因为受到改革期间社会舆论和其他因素的影响而断断续续。需要说明的是，在苏联解体前的1990年，苏共中央已经把胜利纪念碑建造最终结束时间定在了1995年，以迎接卫国战争胜利50周年庆典。

苏联解体使胜利纪念碑的建造变得异常艰难和复杂。各加盟共和国的独立使得原可以统筹调配的资源，变成了市场经济下的进口买卖。可以想象本来就已经非常困难的解体时期，通货膨胀、国家财政入不敷出，还要雪上加霜地建造这样重大的国家工程，这些现实因素使得胜利纪念碑建造的开销与代价与解体前相比变得无法预测，原材料价格前后浮动过大，我们不能盲目地参考市场价格因素。再加上很多建造过程中的数据还没有公开，因此对胜利纪念碑建造工程做具体严密的梳理仍有很大难度。

有关纪念碑的工程概况，我们只能从目前可查阅的一些数据去大概了解一点工程细节，这只是些星星点点的数据[①]，我们希望通过这些具体数据，能够对纪念碑工程情况的某些方面有所了解，希望达到以管窥豹，对整体建造工程有一个大致的了解。

苏联解体后，纪念碑的建造工作由新上任的莫斯科市市长卢日科夫一手抓。在工程组织建构方面，卢日科夫领导的参与建造工程的主要人员和所属部门机构有：莫斯科建设厅、第一副总理列森·约希弗维奇、工程保障部马特洛索夫、财政部卡洛斯捷列夫、

① 作者关注的数据仅限于直接和设计、雕塑专业相关，或者间接相关的数据，对于那些数额巨大的后勤、供暖、水电等其他费用不在引用与讨论之列。

俄联邦国防部科拉乔夫、契科夫、依斯托明、俄联邦文化部西德洛夫、“莫斯科工业建设”股份公司马洛斯、萨尔基索夫、“交通建设”股份公司布烈日涅夫、“特别安装建设”公司米哈尔琴科、“莫斯科地铁建设”卡舍廖夫、“格鲁吉亚装饰”采利捷利、“莫斯科特别安装建设”巴兰诺夫、“莫斯科工程建设”公司斯维尔斯基、“莫斯科联合基础建设”塞利瓦诺夫、莫斯科市建筑与城市建设委员会李西岑、“莫斯科建设 -16”公司卡鲁金、卫国战争纪念馆戈里格利耶夫。① 正是这些领域和机构的鼎力参与和配合，才使得胜利纪念碑综合体在 1993 ~ 1995 年间重新回到了加速建设的节奏上来，直到最终建造完成。

纪念馆的室内装饰工程在苏联解体前主要由“格鲁吉亚装饰”公司负责。纪念馆建造之初采利捷利所代表的“格鲁吉亚装饰”就已经参与了纪念馆内部的设计讨论。②1988 年 7 月“格鲁吉亚装饰”经格鲁吉亚加盟共和国上报给苏联部长会议国家物资技术供应委员会审批的用于纪念馆室内装饰的物资材料见表 7-1。③

纪念馆室内装饰部分材料清单 **表 7-1**

编号	名称	单位、数量	编号	名称	单位、数量
1	轧制铜板	9 吨	16	方格纸	440 卷
2	轧制铝板	21 吨	17	聚乙烯醇乳液	2 吨
3	铜粉	0.2 吨	18	硝基蜡	3 吨
4	铝粉	0.2 吨	19	硝基颜料	3 吨
5	再生铜	20 吨	20	丙酮	1.5 吨
6	再生铝	13 吨	21	二氯乙烷	1.5 吨
7	五金制品（螺栓、螺母、垫片、开口（尾）销、木螺钉、钉子等）	8 吨	22	有机玻璃	10 吨

① 胜利纪念馆档案室资料：“Список участников совещания, проведенного премьером правительства Москвы Ю. М. Лужковым на строительстве Памятника Победы.”

② 目前所见采利捷利参与纪念馆室内方案讨论的较早的一份资料是 1987 年的一次会议记录。

③ 胜利纪念馆档案室资料：15.07.88. 10/7.“О материальных ресурсах”.

续表

编号	名称	单位、数量	编号	名称	单位、数量
8	小型钢	10吨	23	环氧树脂	10吨
9	堆焊焊条	5吨	24	不同断面橡胶	2吨
10	自动锯成型木材	100立方米	25	地毯	500直线米
11	硬木成材	30立方米	26	颜料、亚麻籽油、乳胶	9吨
12	贵重木材胶合板	2000平方米	27	发泡片材	1吨
13	刨花板	20立方米	28	PVC薄膜	500公斤
14	绘图纸	0.5吨	29	木工胶	1.8吨
15	描图纸	500卷	30	砂纸（粗、细）	4000直线米

纪念馆广场和胜利公园的硬地大量使用大理石和花岗岩自然石材，这些石材最终耗费了多少不得而知。目前看到的一份1991 ~ 1993年所需石材的统计量，这个量表还是在苏联时期统计的，当然石材的不确定性较小，解体前后量变不会很大，并且1991 ~ 1993年应该是使用石材较为集中的阶段（表7-2）。

1991年6月统计的1991 ~ 1993年所需要的石材量清单[①] 表7-2

提供地方及石材名称	单位	1991-1993年总量	1991年	1992年	1993年
俄罗斯联邦					
大理石板	千平方米	25.3	13	6	6.3
花岗岩板	千平方米	2	——	——	——
乌克兰共和国					
花岗岩板	千平方米	55	18	19	18
花岗岩条石	千平方米	30	10	10	10
花岗岩块	千立方米	2.3	2.3	——	——
哥萨克共和国					

① 俄文资料来源：胜利纪念馆档案室，资料编号No385.

续表

提供地方及石材名称	单位	1991-1993 年总量	1991 年	1992 年	1993 年
花岗岩板	千平方米	6.1	2	2	2.1
乌兹别克加盟共和国					
大理石板	千平方米	12.3	6	3.3	3
亚美尼亚加盟共和国					
凝灰岩板	千平方米	0.9	0.9	——	——
“石棉”公司					
大理石板		4.2	4.2	——	——
总计		135.8 千平方米 2.3 千立方米			

由于苏联的解体，使得工程实际开销和解体前的预算相差巨大，已经远远不能用解体前的预算去估算解体后的总开销。很遗憾目前整体工程实际开销费用俄罗斯政府还没有公开。由于解体以后卢布的暴跌，物价飞涨，以前对纪念碑造价的概算几乎变成一张没有意义的数据堆砌。可以想象，当时卢布每天都在贬值，在这样极端经济环境下的经费使用数据没有参考意义，也无法准确核算，因此最终胜利纪念碑综合体的总造价也没有什么实际的参考价值。

以上我们可以从零星的基本数据了解一些建造过程中阶段性经费使用情况。从建造之初到解体前经费使用的情况大概是每年经费实际使用只占全年计划经费的一半多一点，到 1990 年的时候，共使用了 6000 万卢布，只占总经费的 32.5%，总体经费使用和建造均进展缓慢。

1991 年 10 月，苏联解体前夕，文化部审批的由“格鲁吉亚装饰”公司负责的胜利纪念馆陈列品陈设经费预算为 2100 万卢布。其中除去当年已经划拨的 649 万卢布，还剩 1450 万卢布准备分 4 年付清：1992 年 700 万卢布，1993 年 300 万卢布，1994 年 300

万卢布，1995年125万卢布。[1] 但实际情况是，随着1991年苏联的解体，卢布暴跌，俄罗斯经济遭受了毁灭性的打击，上述预算拨款1992年以后完全是一个无法推断的数目。

关于胜利纪念碑主碑的建造费用，目前我们可以查到的资料是1995年7月27日官方公布的一项费用数据，很可惜俄罗斯官方并没有公布实际使用费用，公布的是按照1984年价格核算的预算数据（合同编号：N24-9-1/10-439 CM3）。纪念主碑总计：48849140卢布，其中建造与装备7280240卢布，设备116950卢布，艺术开销铸造等30915000卢布，开支税及特殊税9134390卢布。[2] 事实上据胜利纪念馆档案资料1995年的数据统计，仅胜利纪念馆的内饰装潢就花了1063000万卢布。[3] 其中纪念馆的室内展品展示、草图施工图共支出给艺术家近13000万卢布。[4] 但是此项费用不包括纪念馆和胜利纪念碑等的建造成本，也不包括纪念碑主碑的设计、雕塑加工和纪念馆内的雕塑设计与加工等其他重要的开销成本。

1993年卢日科夫签署由采利捷利全权负责胜利纪念碑综合体艺术方面的所有事务后，正式将胜利纪念碑综合体包括纪念主碑设计及纪念馆内部装饰、教堂、其他纪念碑等所有事务交予采利捷利一人负责。在此期间产生的建造开销档案，采利捷利并未移交给胜利纪念馆档案馆。或许将来的一天，俄罗斯政府能公开胜利纪念碑的建造开销档案，为我们早日解开这个谜团。

---

① 1991年10月格鲁吉亚装饰公司上报审批近2490万卢布，实际经复查核算，预算审批为2100万卢布。其中包括用于艺术装饰的1040万卢布；1990年报批的550万音像系统，截至1991年10月，考虑到音像涨价等其他因素，音像系统预算上调为900万卢布；其余为不可预见费用和杂费。胜利纪念馆档案馆数据资料：08.10.91.01-2/353. "Об утверждении сметно-финансового расчета на создание экспозиции Центрального музея Великой-Отечественной войны 1941-1945 гг."

② "Об утверждении сметной документации к рабочему проекту на строительство Главного монумента в комплексе памятника Победы на Поклонной горе в г. Москве"текста документа по состоянию на июль 2011года, распоряжение Правительства Москвы Премьера от 27.07.1995 N 742-РП.

③ 胜利纪念馆档案馆数据资料。

④ 胜利纪念馆档案馆数据资料。

第八章　莫斯科的纪念碑雕塑家

第一节　纪念性雕塑的题材转变

苏俄转型期间，尤其是苏联解体后，俄罗斯陆续建造了许多纪念碑和城市雕塑，设立在城市的各个角落，这些纪念碑反映了俄罗斯对待历史与现实的态度。苏联解体后，俄罗斯一方面拆除了一些苏联时期占有重要地理位置的纪念碑，一方面着手竖立新纪念碑。这些新竖立的纪念碑坐落于城市角落，与苏联时期大量遗留的纪念碑融合在一起，形成了当代俄罗斯纪念碑艺术非常鲜明的特色，新老杂陈，充满活力，这是后苏联时代俄罗斯独具的魅力。新的纪念碑就像新鲜的血液流进现代俄罗斯的心脏：它们出现在一些重要的地方，出现在具有象征意义的场合（比如红场附近及其商业广场、阿尔巴特街、救世主大教堂等），使我们感受到当代俄罗斯的活力，同时也能清楚地感受到俄罗斯时期纪念碑艺术的新特点、新动向。

苏联解体后，俄罗斯出现了大量宗教题材的雕塑，比如救世主大教堂上的雕刻，2000年救世主大教堂的重建被认为是俄罗斯宗教复兴的象征，其沧桑而极富神奇的历史更使得这种象征具有神话般的魅力。如今救世主大教堂的外立面上装饰了很多宗教青铜浮雕和塑像，这与沙俄时期救世主大教堂用大理石做装饰浮雕的做法不同。

苏联时代没有受到公正对待的人物，受到了人们的热捧，许多人被以纪念碑的方式铭记。例如作家蒲宁纪念碑、诗人阿赫玛托娃纪念碑、布尔加科夫纪念碑等。另外在对待普希金的夫人康恰洛娃的态度上与以往不同，变得比较客观宽容，例如在阿尔巴特街上的普希金故居博物馆门前，将康恰洛娃与普希金两人的雕像以婚礼上手拉手的样子合塑在一起，而苏联时代无论什么场合的普希金雕像，都是以一个人的面目出现的，这反映了人们对待“交际花”康恰洛娃更加客观的态度，以更加接近历史真实的姿态包容那些不该被历史遗忘的人。

另外出现了苏联时期被迫害、镇压的受害者纪念碑。这些纪念碑在原俄罗斯境内和苏联各加盟共和国内均有出现。例如莫斯科市中心的卢比扬卡广场（苏联时期捷尔任斯基广场）小花园中，1990 年 10 月竖立了一件特别的纪念碑，这是一块从索洛维茨基修道院[①]运来的一块石头（见书后彩图 8-1），索洛维茨基修道院位于索洛维茨基群岛上，在 1923 ~ 1933 年间作为劳改营关押的是苏联政府认为在政治上“反动或不可靠”的人。在这里被关押过的著名人士包括莫斯科大清真寺教堂第二阿訇阿里莫夫，苏联著名历史学家、国学家德米特里·利哈乔夫等。另外圣彼得堡政治镇压受害者纪念碑“斯芬克斯”、乌克兰首都基辅东北部小村庄贝克夫尼亚的政治镇压受害者纪念碑、摩尔多瓦被斯大林政治迫害者纪念碑等[②]。这些纪念碑是对苏联尤其是斯大林时期政治大清洗无辜受害者的纪念，这些地方当年曾经埋葬了几十万甚至上百万的无辜受害者，他们是政治迫害的牺牲品，如今被人们铭记。每年人们会以各种方式纪念自己逝去的亲人，用鲜花和照片等表达对亲人的追思。

生活题材的雕塑增多，多以比较轻松、诙谐的方式出现在街头巷尾，普通百姓题材的雕塑增多。这些雕像没有政治上的内容，反映的是人们平凡的生活。例如莫斯科城附近有一个叫卢哈

---

① 索洛维茨基修道院，许多年前作为违反君主意志的对东正教三圣、异教徒和宗派主义进行隔离的地方，隔离在这里的还包括那些对君主不“忠诚”和不被“信任”的人。例如十二月革命党人保罗汉尼拔曾囚禁这里。从 1718 年作为国家监狱存在将近 200 年，于 1903 年关闭。1923 ~ 1933 年间这里关押了大量苏联政府认为政治上“不可靠”的劳改犯，1930 年时最高在押人员达到 71800 人。1929 年作家高尔基曾参观过索洛维茨基修道院，并认为这里的劳改犯生活有保障，人身有自由，这与实际情况不符。

② http://venividi.ru/node/30744.

维茨的地方，是一个以加工制作酸黄瓜为地方特色的小城，建立于 2007 年小城 50 周年庆典的一座雕塑就是纪念酸黄瓜为主题的纪念碑（图 8-3，以及书后彩图 8-2）。

图 8-3　同上（图片来自网络）

第二节　纪念性雕塑家及其作品

苏俄转型时期，俄罗斯涌现了很多纪念碑雕塑家，他们并非只以纪念碑创作出名，这些雕塑家在自己的个人作品创作中也非常优秀，作品积累很多。例如莫斯科的雕塑家采利捷利、卢卡维什尼科夫、布尔干诺夫、巴兰诺夫、别列亚斯拉维茨、考莫夫，以及老一辈的雕塑家如彼得堡的阿尼库申等。本书选取的雕塑家主要考虑两方面的因素，首先是在城市雕塑方面的贡献；其次是这些雕塑家在个人创作方面必须具有独特的艺术面目和创作成就。个人艺术面目风格是转型期应该特别关注的，相信必然会成为俄罗斯当代雕塑研究的重要课题之一。因本书涉及的侧重点不同，因此这些雕塑家的个人创作暂不纳入论述的范围。

采利捷利是当今俄罗斯著名画家、雕塑家、装饰艺术家，也是引起争议最多的艺术家。他的雕塑及装饰作品常以超出常规的规模尺寸引起外界的争议，其巨大的雕塑作品往往能影响一个城市的建筑艺术及整体风格。采利捷利出生于格鲁吉亚，父亲是一位普通的山区土木工程师，母亲出身于公爵家族。1958 年和格鲁吉亚贵族家族公主伊涅萨结婚。[①] 早年在第比利斯美术学院接受油画教育，主要从事一些政府建筑及室内装饰工程，包括格鲁吉亚政府机关、苏联政府驻外领馆等。材料涉及马赛克、玻璃、壁画等。20 世纪 70 年代以后，艺术家逐渐涉及更为立体的空间设计工程。1980 年莫斯科主办奥林匹克运动会，采利捷利成为负责场馆艺术装饰的主要艺术家之一。主要作品包括《胜利纪念碑》（1995 年）、《俄罗斯海军 300 周年》（彼得大帝像，1997 年）、救世主大教堂装饰工程等（1998 年）。

《俄罗斯海军 300 周年》又名彼得大帝纪念碑（见书后彩图 8-4），项目正式启动于胜利纪念碑结束之际的 1995 年，该纪念碑坐落于救世主大教堂的莫斯科河对岸，位于莫斯科河转弯处的河面上。该项目起初由海军委托雕塑家克贝尔创作设计，但是克贝尔的设计没有获得莫斯科市政府的认同，市长卢日科夫遂将设计任务交给了城市建设委员会，经过委托几个雕塑家设计方案后，1996 年 3 月最终确定采利捷利设计的方案中标。

彼得大帝雕像的建造在俄罗斯同样引起了很大的社会争议。当时媒体与评论界认为这是俄罗斯和莫斯科市政府联合打造的继胜利纪念碑之后莫斯科实施的又一重大项目，是"卢日科夫的大手笔"。彼得大帝像的设计建造正值 1996 年叶利钦进行总统竞选期间，因此媒体并未以此对支持总统竞选的卢日科夫大加指责，另外当时的政治形势是俄罗斯黑海舰队试图脱离俄罗斯的管辖，彼得大帝像的建造可以从时政的角度起到对黑海舰队的提醒与震慑作用，同时还从历史的角度表明俄罗斯对黑海舰队管辖权的合

---

① 伊涅萨，出身于格鲁吉亚的王公贵族，按照格鲁吉亚传统，其血缘来源于拜占庭皇帝安德罗尼克·科姆宁（1183 ~ 1185 年统治君士坦丁堡），母亲是格鲁吉亚公主卡塔，其姑母居彼得堡，后移民法国。外界普遍认为采利捷利的发展得力于伊涅萨家族显贵的支持，从采利捷利的履历来看，这种说法是有一定根据的。

理性[①]。因此彼得大帝纪念碑从设计到施工进展得相当顺利。但是竞选结束后，俄罗斯新闻媒体及一些艺术杂志发起了对雕像的社会调查，反对彼得大帝纪念碑，认为是对莫斯科良好自然与历史环境氛围的破坏，要求拆除正在建造的纪念碑。这一事件甚至启动了法律上的公投（按照俄罗斯法律规定满足 10 万以上的公民投票就可以启动任何一个问题的法律程序）。[②]在纪念碑建造期间，还发生了极端分子要炸毁纪念碑的事件。虽然爆炸行为被及时发现，爆炸物得以拆除，但是这一事件本身足以说明当时彼得一世纪念碑在社会上的反响多么热烈，引起的社会舆论与争议何等巨大。

彼得大帝像高 19 米，从水浪到桅杆的顶端总高 93 米，彼得大帝举起的手的高度是 60 米。雕像地处莫斯科河上，位于特列恰科夫新馆及新馆雕塑公园旁，距离克里姆林宫很近，对临救世主大教堂，地理位置非常重要，如今已经成为俄罗斯、莫斯科的重要象征性标志。其特别的构图与结构处理手法与雕像繁缛的细节展现不但是雕塑家风格的表现，相对于苏联时期，还体现了转型期俄罗斯纪念碑雕塑处理更注重传统装饰样式的特点。

采利捷利是一位高产的艺术家，在莫斯科市中心还拥有自己的美术馆，里面陈列着自己多年来创作的油画、雕塑和装饰艺术作品。在众多的雕塑作品中，有一件市长卢日科夫的雕像，艺术家一反常态地把市长做成了一个城市清扫工的形象，以此象征卢日科夫对莫斯科城市环境的改造和美化。市长本人也对这件作品赞赏有加（见书后彩图 8-5）。

卢卡维什尼科夫是当代俄罗斯著名雕塑家，在世界范围内也很有声誉。他是苏里科夫美术学院教授、工作室导师。他出生于雕塑世家，父亲母亲均为雕塑家，祖父曾毕业于罗马美术学院。

---

① «Сердце на палитре-Художник Зураб Церетели», Лев Колодный , Москва«Голос-Пресс»2003 г. ст,234.

② «Сердце на палитре-Художник Зураб Церетели», Лев Колодный , Москва«Голос-Пресс»2003 г. ст,252.

卢卡维什尼科夫雕塑创作的题材多样，宗教、体育、肖像、历史人物等均有涉及，雕塑家不但在个人创作方面极具个性，在城市纪念碑创作领域也独树一帜，创作了许多优秀的作品。

作家肖洛霍夫纪念碑（见书后彩图 8-6、彩图 8-7）位于莫斯科市中心的果戈里林荫道的中段，这是一条步行道，两边绿树成荫，游人可以沿着这条街从普希金博物馆站一直穿行到阿尔巴特街站。肖洛霍夫纪念碑选择放置在这里，是因为此处临近作家曾经居住过的西弗采夫 - 弗拉热科街，该纪念碑于作家诞辰 102 年的 2007 年 5 月 24 日建成开幕。这座纪念碑的建造还有一段不寻常的历史故事。早在 20 世纪 80 年代，莫斯科就举行了肖洛霍夫纪念碑的竞赛，当时获奖的是亚历山大·卢卡维什尼科夫的父亲朱利安·卢卡维什尼科夫所设计的方案，但是由于许多历史原因，直到 2000 年纪念碑仍未建造。21 世纪以来莫斯科当局又举行了肖洛霍夫纪念碑的竞赛，亚历山大·卢卡维什尼科夫按照父亲的设计思路，完善了设计方案并一举赢得了比赛。因此这个纪念碑可以说是凝聚了父子两代雕塑家的心血，父子两代人两次中标肖洛霍夫纪念碑才得以新生。

纪念碑设计显示了雕塑家与建筑师对环境充分理解与尊重的理念，利用林荫路两侧的坡度奇思妙想，将整体设计与环境的利用融为一体。地点的选择也有其充分考虑，肖洛霍夫面对步行道和曾经居住过的方向，背后毗邻俄罗斯作家协会。雕塑家将肖洛霍夫刻画为披着棉袄（这种乡村朴实的穿着处理与莫斯科纪念碑中多衣着考究、奢华的案例相比很罕见），放下船桨，手指中间燃了一半的烟头，眼睛眺望着远方，似乎在思考着什么。象征顿河的斜三角基座上是当地最普通的尖头斜面小船，肖洛霍夫坐于船尾，仿佛刚从身后的作家协会出来，抽根烟，歇一歇，思考着发生在作协的事情，他似乎要乘船而下，回到他一直喜欢的家乡维什斯金（肖洛霍夫曾多次拒绝政府邀请来莫斯科担任作协主席一职），身后是沿坡而下的流泉，一层薄薄的流泉下面的硬地上是两组游向不同方向的马头，群马逆流而上和不同的游向象征着作家当年汹涌的社会时代，代表了俄罗斯内战时期白色和红色阵营之分。林荫道路上弯曲的路面铺石象征着顿河流向远方，在道路的另一侧有一块铸铜的浮雕纪念碑，这块与休息长凳结合在一起设计的纪念浮雕名为“红与白”，一面是象征白军的双头鹰与长剑，另一面是象征红军的五角星和毛瑟枪，在长凳周围是作家散落的《静静的顿河》的手稿，仿佛作家当年在顿河上写作《静静的顿河》时被风吹散，飘浮在河面上。浮雕动感的造型像水中逆流的巨石，与人行道另一侧同样象征红白军队的战马形成互映对照。肖洛霍夫纪念碑整体设计独具匠心，显示了雕塑家对作家深刻的理解和对环境敏感、尊重的设计理念。

纪念碑设计虽然赢得了肖洛霍夫后人及大多数民众的赞赏，但还是有对纪念碑负面的评价。反对人士主要针对的是流泉下只有马头存在的形象，是像被割杀的马，会给人极不愉快的联想，因此这样的设计被一些人虐称为“家畜的墓园”[①]，另外还有人以作家不喜欢莫斯科、在莫斯科居住时间短等为由反对作家纪念碑的建造。

肖洛霍夫纪念碑从设计理念、雕塑和环境的关系、流泉的引入、人物与船的关系处理等诸多方面体现了艺术家独特的思想，得到了民众和专家的认可和喜爱，是莫斯科转型期不可多得的优秀纪念碑之一。

俄罗斯国家图书馆前的陀思妥耶夫斯基纪念碑（见书后彩图8-8）是卢卡维什尼科夫创作的另一个重要的纪念碑。陀思妥耶夫斯基的纪念碑在莫斯科陀思妥耶夫斯基大街上还有一座，由雕塑家梅尔古洛夫设计完成，该纪念碑于 1918 年开幕之初放置在花卉街，1936 年迁到马林斯基医院前面。这是一个救济治疗穷人的医院，作家就出生在这个他父亲为穷人工作过的医院里，并一直生活了 16 年之久。少年的陀思妥耶夫斯基在医院看到了很多穷

① Ирина Ефимова. Памятник Михаилу Шолохову (Москва) (рус.) «Литературное краеведение».(28 октября 2008). 转引自：http://kraevedenie.org/?p=396.

苦人饱受病痛与贫困的折磨，这些经历对作家以后的思想与创作影响很大。

俄罗斯国家图书馆前的作家雕像不同于80年前的梅尔古洛夫的处理手法，卢卡维什尼科夫更注重雕塑和建筑的整体关系，同时加强了作家内心精神状态的刻画。雕像被处理成坐姿，身体向后尽力倾斜，左手撑着座位，右手放在腿上，身体整体被拉开呈弓形，充满着外张力，造型很整体，这与其背后的国家图书馆建筑形成了很好的关联，倾斜的身体与垂直巨大的建筑立柱又形成了动与静的对比关系；不同寻常的坐姿自然让人们关注到陀思妥耶夫斯基的心理状态，联想到作家内心的绝望和悲伤，雕像那双深邃的眼睛，仿佛能穿透作家小说中人物的心灵，直追道德底线的人性。雕塑的底座设计很特别，上面有陀思妥耶夫斯基小说中出现的彼得堡及涅瓦河的风景浮雕和作家的名字。

陀思妥耶夫斯基的纪念碑获得了很大的成功，但是其特别的坐姿，极为夸张的动态，甚至一半坐撑的重心已经在底座之外，幽默的莫斯科人习惯上把这座陀思妥耶夫斯基雕像称为“俄罗斯之痣纪念碑”，或者“看肛肠科医生”。无论什么样的艺术品，创新可能意味着挑战观众的习惯性审美，在相对保守的俄罗斯则风险更大。2006年，受德国人邀请，卢卡维什尼科夫还制作了一个尺寸小一些，但是动态和俄罗斯国家图书馆前极为相似的“小陀思妥耶夫斯基”雕像，雕像位于德累斯顿，这尊雕塑被俄罗斯人亲切地称为“陀思妥耶夫斯基的小弟弟”。

沙皇亚历山大二世纪念碑（见书后彩图8-9）[①]，位于救世主大教堂公园内，面对救世主大教堂，纪念像开幕于2005年6月，莫斯科市政府2000年计划将纪念碑放置在十月革命前沙皇亚历山大三世纪念碑原址所在的克里姆林宫内，但是由于克林姆林宫的地下工程很复杂，影响了雕像地下基础施工，而被迫选址在目前的救世主大教堂对面。有趣的是所选地方正是1912 ~ 1918年

① 建筑师伊戈尔·瓦兹涅辛斯基、艺术家谢尔盖·沙洛夫。

沙皇亚历山大三世纪念碑所在的位置，十月革命后沙皇亚历山大三世纪念碑被拆除。

纪念碑人物高 6 米，重量超过 700 吨，放置于近 3 米的整块大理石和花岗石组合的基座上。沙皇身披象征权力的长袍，一身戎装，身后是象征传统的两个铸铜俯卧的俄罗斯狮子，基座的黑白处理象征着沙皇改革与保守的双重政治立场，前面堆砌的不规则石头象征着当时俄罗斯国内所面临的各种障碍与困境，大理石柱廊与人物下面基座的整体断裂显示了 19 世纪中期改革与社会巨变带来的巨大社会转型。

纪念碑的建立反映了俄罗斯政府对沙皇亚历山大二世的重新评价，在纪念碑正面的基座上用金字刻着亚历山大二世的主要贡献：

“皇帝亚历山大二世，
1861 年在俄罗斯废除了农奴制，从而使亿万
农民从实行数个世纪的奴隶制中解放出来，
进行了军事和司法改革，推行了城市杜马
和地方自治局的地方自治系统，
结束了多年的高加索战争，
让斯拉夫民族从奥斯曼帝国的桎梏中解放出来，
卒于 1881 年 3 月 1 日，被暗杀。”

亚历山大二世纪念碑人物雕像的塑造形式与手法使我们联想起 19 世纪末期 20 世纪初在莫斯科竖立的亚历山大二世雕像，尤其是与阿别库申创作的位于克里姆林宫内的亚历山大二世纪念碑很相像[①]，不过在雕塑与建筑基座的关系、基座设计所表达的象征性意义等方面，完全不同于沙皇时期，是俄罗斯对亚历山大二世的重新评价，这也是对俄罗斯历史的重新评价。

雕塑家巴兰诺夫创作的《陀思妥耶夫斯基》纪念碑（见书后

---

① 参见：«Власть и монумент», Ю. Р. Савельев, Информационно-издательская фирма «Лики России», 2011.ст:137.

彩图 8-10），2004 年立于德国巴登—巴登市的巴登革命广场公园内，巴登 - 巴登市是著名的疗养胜地，风景气候宜人。自 18 世纪以来俄国皇亲贵族就经常来这里度假休闲，在俄罗斯作家中果戈里、托尔斯泰、屠格涅夫、契科夫、陀思妥耶夫斯基等众多著名作家都曾在巴登 - 巴登生活与创作，因此这个城市与俄罗斯文学的关系历史上非常密切。陀思妥耶夫斯基在巴登 - 巴登居住期间，曾迷恋过这里的轮盘赌[①]，当然最重要的是巴登 - 巴登给了作家无限的创作灵感，因此作家的雕像放置在巴登 - 巴登市，无论从历史渊源还是从俄德经济文化的交流来说，均具有积极的意义。

公园优美的山坡地形使雕塑与环境能够更有机融合，赋予了雕像巨大的感染力与悲剧人物深刻的哲理性。雕塑家从 20 世纪 70 年代开始不断创作了许多陀思妥耶夫斯基的雕像，放置于德国巴登 - 巴登市的雕像以特列恰科夫画廊收藏的作品为母本，雕塑高 3 米，作家身穿一件特别紧身的大衣，赤脚，枷锁一般的双手握拳下垂，显示了紧张略带神经的精神状态，胸前的衣纹显出作家含胸消瘦的身体，不寻常的衣纹走向与作家眉头下那双凝视远方迷离的眼睛总能引起人们对陀思妥耶夫斯基精神信仰及心理活动的种种猜测，他在思考什么，紧握的双拳又在消瘦的身体里凝聚着能量，似乎即将要做出什么坚毅的决定。“……大衣紧贴身的形状，从袖子伸出的双手紧握着的手指——比喻约束，缺乏自由，其中有禁欲主义的精神内涵。”[②] 正如伊戈尔·斯维特洛夫所见，紧裹身体的大衣上似乎显得有点怪异的衣纹，表达了作家禁欲主义思想的潜台词。人类灵魂的实质是赤裸的，也正如作家那样，薄衣裹身，我们看到的是作家赤裸裸的身体和禁欲主义的灵魂。赤脚空拳的他站立在一个椭圆形的球体上，显得那么质朴，

---

① 如今在巴登—巴登的赌场内还有一个厅是以作家的名字命名的。

② 原文："...тесно облегающий фигуру сюртук, выступающие из рукавов сомкнутые в пальцах руки-метафора стесненности, несвободы, имеющего духовный подтекст аскетизма." 引自：«Леонид Баранов», отпечатано в типографии Российской Академии художеств, Москва, 2004.стр:70.

没有任何修饰的雕塑手法似乎将人们引向无休止的灵魂拷问。“……大师用青铜塑造的雕像，使他又重新回到了巴登 - 巴登，人们不由得环绕雕像，只为靠近一个伟大的灵魂。我们的菲德尔身着紧身大衣，坚固的地球托着赤裸的脚踝，僵硬的手指还双手握拳，仿佛用生命抗议暴力的罪恶”。[①]

陀思妥耶夫斯基终于重新回到了久违的巴登 - 巴登，回到了对这位伟大的作家喜欢且对他产生深远影响的地方，注视着每一个经过身边的人，他深邃的目光仿佛在提醒人们，罪恶灵魂的救赎是生命哲学的归途。“所有向往真理的人，已经拥有强大到可怕的力量”（陀思妥耶夫斯基），看着雕塑家塑造的陀思妥耶夫斯基的肖像，我们很清楚地感到作家内心所积蓄的这种力量，这也正是雕像的成功之处。

位于荷兰鹿特丹的彼得大帝像（见书后彩图 8-11，1997 年）是为了纪念俄罗斯驻荷兰大使馆成立 300 周年，由俄罗斯政府委托雕塑家制作，赠送给荷兰的纪念雕塑。彼得大帝像高 2.7 米，雕塑家通过这尊雕像同样向我们展示了他对人物心理及动态的超强把握能力和雕塑家个人对彼得大帝形象的理解与定位。修长的身材符合彼得大帝实际的体型特点（多数历史学家认为彼得大帝身高 204 厘米），底座几乎没有高度，雕像面对港口站立，巴兰诺夫没有采用多数雕塑家的做法，将彼得大帝塑造为英勇果断、指点江山的君主形象，而是还原其当时作为一名随从跟随“外交代表团”刚刚到达荷兰鹿特丹时，青年彼得被看到的眼前场景震惊的情形。雕塑家很好地把握了人物的肢体动态、身体语言与心理的关系，反映到外在形象的变化。就像陀思妥耶夫斯基雕像一样，雕塑家很细致精彩地处理了第一眼看到当时鹿特丹发达的港口时彼得大帝那惊愕的神情，在雕塑手法上，采用了蜡像塑造的

---

① «на возвращение Федора Достоевского в Баден-Баден», Владимир Ломейко, «В поисках утраченного смысла: ДОСТОЕВСКИЙ и его европейское путешествие в скульптурах и фотографиях Леонид Баранова», отпечатано в типографии Crown Royal, Москва, 2006.стр:96.

形象特点，还原了彼得大帝青年时的外貌，细腻、青春而质朴，铸铜的雕像上用色彩增加青年彼得的活力与艺术感染力。

巴兰诺夫因其质朴内在的雕塑手法、注重人物内心精神刻画，同时又不失巴洛克式的浪漫，在对传统继承的基础上发展出了自己独特的艺术风格，在传统与当代、人物动态与心理刻画、外表与内在等诸多难以解决的问题上做出了自己独特的诠释，在当代莫斯科雕塑界中享有很高的评价。

布尔干诺夫是当代俄罗斯著名雕塑家，莫斯科工艺美术学院雕塑系教授、工作室导师。其优美轻松的浪漫主义雕塑风格深受人们喜爱。当20世纪60年代“严肃风格”开始，大家把注意力集中在表现现实生活、表达生活中的问题、把艺术创作和生活紧密相关联的时候，布尔干诺夫却选择了远离表现现实生活的态度，他总是把自己游离于现实与梦想之间，开始尝试用树木、云、鸟儿、翅膀等大自然的赐予表达自己的感受，还尝试用被风吹动的窗帘、梦幻的手势与人体、古典柱廊、楼梯等现实物品零散或者天马行空地组织在一起，形成一种独特的浪漫主义风格。这种“轻松风格”的形成是对当时“铁幕”式的社会意识形态的嘲讽与反抗，20世纪80年代艺术家所创作的“铁笼”是这种思想的代表：在一个被限制的铁框内，两匹马互相在搏杀撕咬，它们都不能意识到其实自己已经身陷囹圄。围绕这一主题，艺术家还做了一系列美丽可爱的女人被关进铁笼的作品，也同样体现了作者对社会现实的深度思考。20世纪80年代以来，雕塑家无可争论地成了苏俄“新浪漫主义”的带头人，1987年在莫斯科艺术家中心展厅举办了雕塑家个展“魔幻的水晶 - 梦想在我们内部”，1993年在德国举办了名为“魔幻现实主义”的大型个展，1994年由艺术家组织并发起在特列恰科夫画廊举办了名为“梦揭示了事物的本质”的大型展览。进入21世纪以来，有2004年布尔干诺夫在布鲁塞尔市中心广场举办了“德山艺术”雕塑个展，2005年在马涅什中心展厅举办的“雕塑与城市”个展以及同年举办的院士亚历山大·布尔干诺夫作品展等。

个人艺术博物馆“布尔干诺夫之家”的组建，体现了艺术家对雕塑与建筑、作品与博物馆之间关联的新思考，作者想借助建筑空间与作品展示方式更完美地体现雕塑家对自己作品定位的思考和探索。在雕塑家个人博物馆内，人们几乎忽略了建筑空间室内室外的概念：一些雕塑作品被巧妙地安排在一些联通室内外空间的半室内空间内，所有室内外空间展品不再像其他博物馆那样有专职人员看管。在无人看管的空间内，雕塑作品与环境和空间衍生了更自然和谐的关系，作品与空间更好地呈现对话的状态。这样一来，不管室内还是室外空间的联通与释放，雕塑作品与建筑空间均形成了自由的交融与对话。如果说博物馆是人类灵魂象征物所居住的庙宇[①]的话，布尔干诺夫所精心营造的个人博物馆向我们展示了面对现实雕塑家追求的灵魂自由的真实一面，开放的建筑空间则被强大的作品力量赋予了另一种近似宗教感的氛围。

位于莫斯科市中心阿尔巴特街上的《图兰朵公主》（见书后彩图 8-12）与《普希金和康恰洛娃》（见书后彩图 8-13）的雕像给这条古老的文化步行街平添了许多美丽浪漫的色彩。凡是来到阿尔巴特街旅游休闲的国内外游客都能领略到雕像带给人们轻松快乐的气氛，并被雕塑家“俄罗斯浪漫主义”式的艺术家个人风格所吸引。

喷泉雕塑《图兰朵公主》[②]（1997）位于阿尔巴特街 26 号，背靠瓦赫坦戈夫剧院，是为了纪念莫斯科建市 850 周年，同时也为了瓦赫坦戈夫剧院建成 75 周年之前首场《图兰朵公主》的成功演出。

雕塑设计在椭圆形的石质喷泉内，位于人行通道旁，街角凹陷所形成的小广场内，高高的石质基座上是镀金的图兰朵公主安

---

① “人类灵魂的庙宇”，是 20 世纪初斯滕伯格设想提出的由国家象征主义艺术家组建的一个国际小组。

② Архитектор, скульптор, реставратор: Архитекторы З. Харитонова, М. Харитонов, М. Белов, скульптор А. Н. Бурганов, кузнечные работы А. И. Смольянинова.

坐在宝座上，高高在上金色装饰性的构图与小广场的环境关系处理得很好，饱满修长的人体，把图兰朵公主高贵典雅的气质烘托得淋漓尽致，体量上也与小广场相对狭窄的空间相得益彰，丝毫没有感觉到空间不和谐的压抑感，无论从构图形式还是塑造手法等方面都极好地体现了艺术家的个人风格。

阿尔巴特街 53 号另一座纪念雕塑《普希金与康恰洛娃》[①]，1999 年立于普希金故居前。1831 年 2 月 18 日，普希金在这里迎娶了自己心爱的妻子康恰洛娃，并在这里度过了他们的新婚蜜月期。雕塑所表现的正是新婚之际普希金手挽新娘从教堂出来的情形。这是第一次将普希金和妻子康恰洛娃两人放在一起进行纪念，反映了转型期对康恰洛娃的重新评价。并且在雕塑处理两人的关系上，作者没有故意夸大普希金的形象，事实上普希金的身高比新娘矮了 9 厘米，年龄大 13 岁，我们看到雕塑中也如实地反映了两者身高比例上的关系。这在以前处理普希金的雕像中把普希金塑造成唯美的“俄罗斯的太阳”的形象不同，把普希金看作一个普通人，回归到普通的日常生活中才是这个雕塑的思想所在，是当代俄罗斯尊重历史的客观态度与价值评判的转变，充分显示出当代俄罗斯雕像转型期的变化特征。

---

① Скульпторы А.Н. Бурганов, И.А. Бурганов, архитекторы Е.Г. Розанов, Е.К. Шумов.

第九章　历史反思

第一节　大众决策与精英决策

“莫斯科暴风雨般的生活完全充满着悖论”，这是列夫·卡洛德内在《莫斯科真理报》上的一句话。这句话非常形象地描述了俄罗斯充满戏剧化和矛盾冲突的现实。胜利纪念碑在它50年的建造史中何尝不是充满了命运多舛的悖论呢？它是在苏联解体之际苏俄财政最艰难的时期建造的莫斯科城有史以来规模最大的纪念综合群；最初的倡议是要表现在共产党的领导下人民获得的胜利，可是建成时苏联已经解体，苏共已经不复存在，胜利纪念碑主碑的象征物已经变为圣乔治和胜利女神；在长达50年的历史中，苏联全国举行了大大小小多达20次的设计竞赛，竟没能选出一个让全国人民满意的方案，而最后方案的实施竟然没有通过竞赛，以委托的方式“轻松”实现……如此种种不胜枚举的充满悖论与戏剧化的结果，能够带给我们什么启示呢？

我们可以从近些年炙手可热的公共艺术中大众决策和精英决策的视角来剖析胜利纪念碑现象。首先是俄罗斯社会精英决策的特点。从文化空间来看，俄罗斯传统精英阶层对现实社会一直以来存有不满情绪与批判精神，同时他们又有着天生的“弥赛亚”救世主情节，有着拯救人民大众的责任感与使命感。俄罗斯历史上是一个集权统治的国家，公民社会相对于西欧等国家发育得滞后而迟缓，国家重大事务一般由社会精英决策。但是代表精英阶层的俄罗斯知识分子面对现实的时候往往会采取过激的行为，这也正是俄罗斯民族行为做事有时显得戏剧化的主要原因。这可以从另一个侧面帮助我们理解在胜利纪念碑建造过程中那些极富戏剧化的结果。俄罗斯著名的文学评论家安年科夫(1813 ~ 1887年)早在1840年就把俄国的知识分子比作一个“骑士团”，这个团体处处与现实生活唱反调。他们被一些人所憎恶，同时又被另一些人热爱。俄国知识分子的“骑士团”以及东正教信仰的弥赛亚精神，所指的都是少数的社会精英阶层。在胜利纪念碑的最终决策上，我们可以看到社会精英还是决定的力量。这些社会精英就像俄国的“骑士团”，他们有不满现实、矛盾的精神追求，难怪契诃夫评价说俄罗斯人是生活在将来的。他们总是对现实不满，似乎这个世界急需他们批判拯救，这种救世主式的潜意识一直是俄罗斯知识分子精神世界中抹不去的情怀。其次从精英阶层与权力关系来看，虽然俄罗斯知识分子有着批判现实的弥赛亚精神，但是历史上精英阶层又依附、效力于政府，与政府权力关系密切。知识分子宗教般的弥赛亚情节并不能替代当代社会精英阶层应有的社会责任感，在国家与社会之间起到平衡作用，而刚刚处于发育状态的俄罗斯公民社会还没有足够的力量去影响精英阶层，从而做出制衡于国家的能力。在胜利纪念碑的建造中我们可以清晰地看到俄罗斯精英阶层这样的特点。

在苏联的纪念碑设计实施过程中，一般由社会精英主导最终决策。从全国征稿到评委集体评审，大的全国竞标竞赛一般还会在展览厅对设计方案进行公开展示，最终将观众的留言和意见进行汇总。虽然整个过程有观众的意见参与，但是这些资料只是为精英们的决策做基础，不会对评委决策形成决定性的影响。经评审委员会评审，最终评选出获奖者方案。一般获奖方案还要在评委修改建议的基础上进行修改，直至达到最终要求，才会制定实施施工方案的进一步细化工作。

大众的决策与影响力在苏联时期实际上一直是被人们所忽略的领域，原因是“大众决策”在社会生活中的作用与影响往往为政府和精英阶层所引导和控制，因此苏联时期的“大众决策”并不代表真正的大众意愿。但是进入20世纪80年代以来，大众决策被动的社会身份正发生着改变，随着苏联的解体，人民大众草根阶层的力量开始增强，大众决策开始影响政府政策导向与社会精英决策，成为人们利益诉求的重要手段。纪念碑设计公开的雕塑竞赛与民众的参与评选可以看成是大众决策的一部分，虽然这样的大众决策和欧洲公民社会中的大众决策相比还很幼稚与脆弱，社会中公共领域的发育还很不成熟，民众的参与对决策的结果影响还非常有限，但是我们依然可以在胜利纪念碑的案例中看到精英决策正在被逐渐改变的现实。

我们知道在公共艺术案例中，大众决策与精英决策并非是协调一致的，相反大众决策与精英决策之间表现更多的是相互对立和矛盾的状态，极端情况甚至会发展成冲突。其实精英决策和大众决策永远是一对需要不断寻求妥协与调和的矛盾。在公共艺术领域，是大众影响了精英还是精英改变了大众？是让人民大众还是少数社会精英来做决策呢？对于这些问题的讨论，我们离不开具体的案例和历史人文环境的制约。当找出两者完全相反的成功案例时，似乎告诉我们这并非一个简单的答案。公共艺术的大众决策与精英决策取决于案例的具体条件，取决于影响案例具体的政治环境、文化环境、社会环境等许多因素的属性。因此我们可以设想在亚洲国家和欧美国家之间因存在着文化、社会制度与环境条件的巨大差异，在面对公共艺术的抉择上往往会出现截然不同的选择和结果。

无论是哪种情况下的大众决策和精英决策，需要特别说明的是在公共艺术中大众决策与精英决策并非是绝对的，没有绝对的大众决策亦不可能出现绝对的精英决策。在两者协调与矛盾对立的看似简单的逻辑表象之外，其实背后有着深刻复杂的社会因素。因此在公共艺术研究中，我们应对与公共艺术有关的具体社会制度与社会环境、文化、经济、传统习俗等影响因素展开广泛调查，分析具体的决定性因素，要仔细研究两者相互角力与力量变换的主客观原因及背后潜在的影响因素。这些潜在因素可能和公共艺术的“公共性”原则背道而驰，不易被察觉，甚至某些不良社会习俗的影响或者经济利益的驱使是决定一件公共艺术作品形成的主要因素。打着“公共艺术”之名满足个人和小团体的私欲等，给公共艺术的研究带来了障碍，但也很好地说明了公共艺术在具体条件下的复杂性，不可不辨。

看似简单的精英与大众，泾渭分明的概念与阶层划分，其实不然。精英我们相对容易理解，简单地说，精英是社会高层的知识阶层的代表，社会精英拥有更多的社会话语权，能对社会大众形成很大的社会影响力和引导力。那么什么是大众呢？这是一个复杂的问题。如果说社会精英之外的民众都可以称为大众的话，那大众就不是一个具体的概念，而是一个抽象的范畴。这样就会产生一连串的问题：谁是大众？或者说谁能代表大众？大众是可以被代表的吗？被代表的大众还是“大众”吗？如果大众不能被代表，被少数人代表的“大众”不是大众，那公共艺术又如何能被大众决策呢？我们该如何理解“大众”的概念和范畴呢？按照社会学的做法，一般是采取抽样调查的方式代表大众的决策。但是抽样调查，有着具体的抽样范畴与抽样标本的要求限制。即不可能让所有人都能参与抽样，这样的抽样标本是有限的，是有条件的。也就是说大众其实是被条件限制下的“大众”，是有条件的“大众”。因此在公共艺术案例中，我们同样面临这样的问题：即大众决策其实是一定条件下的大众代表的决策，或者说是按一定条件筛选出来的一部分社会大众的决策。因此看似公正的“大众决策”往往是社会学研究制定问卷调查的结果，是被设计的，只能是抽象的、有条件下的代表大众的某些“参数”，甚至在某种程度上完全是可控的。而理想化的、真正的大众决策，是不可能得到的，也是不存在的。

因此公共艺术中的大众决策还是精英决策，关键是看公共艺术的实施与操作机制中“公共性”核心是怎样设计体现的。“公共性”是针对政府、社会“精英阶层”的“大众”意愿与利益的体现，是公共艺术的价值核心，也是公共艺术不同于其他艺术门类的根本所在。原则上不同的公共艺术项目可以设计不同的操作机制，但“公共性”的体现应该是一致的，“公共性”体现在每一件公共艺术作品的操作实施中，体现在从理论到实践的各个环节中，这是决定大众决策还是精英决策的关键。现代欧美国家公共艺术起步早，公共艺术较为普及，公共艺术机制也相对比较成熟。例如美国所实行的公共艺术百分比政策、欧洲某些国家实行的公共艺术基金制等。我国公共艺术尚处于探索阶段，还没有形成一定规范的实施机制，也没有独立的公共艺术监管部门。俄罗斯公共艺术的概念也是随着苏联的解体才刚刚进入当代俄罗斯社会，起步较晚，国内尚未形成完善的公共艺术操作机制，公共艺术多以临时性展览的形式出现，配合节假日或者周年庆等活动举行。俄罗斯国内现有专业的公共艺术网站，积极推动公共艺术活动的宣传和普及。

大众决策在特定条件下可以影响和改变精英决策。在莫斯科胜利纪念碑案例中，20 世纪 80 年代的汤姆斯基方案曾引发大众与精英之间的剧烈冲突，人民大众反对的呼声以及大众媒体的传播发挥了巨大作用，从而最终导致纪念碑建造被迫搁置的事实。这在苏联的纪念碑建造史中是绝无仅有的。这一案例说明在特定的历史阶段，特定的社会条件下，大众决策可以影响，甚至改变精英决策。苏联解体以后，虽然胜利纪念碑的主碑方案最终并不是大众决策的结果，当雕塑家采利捷利接受全权设计纪念碑的委托后，就已经注定最终胜利纪念碑并没有跳出精英决策的传统。但是即便采利捷利对纪念碑的设计具有无可置疑的裁决权，他设计的雕塑《人民的悲剧》还是遭遇了人民大众强有力的反击。群众强烈不满《人民的悲剧》的放置位置,要求将之移走。最终《人民的悲剧》被迫从入口处的显著位置移到了纪念馆的侧后——一个相对隐蔽的位置上。这一事例又一次向我们展示了人民大众是如何影响和改变精英决策的。

在一个多元化的现代社会中，即使是在民主化程度比较高的国家，拥有公共艺术政策机制与实践上的优势，大众决策和精英决策的关系也经常是充满潜在矛盾与危机的。这种现象是正常的，某种角度上来说是健康多元社会的体现，是公共艺术的魅力体现，一件没有任何争议的公共艺术品，可能也是无趣平庸的。好的公共艺术品应该能调动大众的兴趣点，成为人们话题的焦点，哪怕是有争议的话题，这些都是文明健康社会的标志。

第二节　权利·空间·叙事

我们并非讨论社会学、政治学意义上的权利与空间的关系，而是在艺术史学、社会学的范畴内，立足于俄罗斯纪念碑的历史与现实，探讨纪念碑艺术中国家权利和城市空间的关系。因此权利和空间的关系不仅限于纪念碑实际占有的空间、方位及其重要的地理位置，这些地理上的地域空间固然非常重要，它是权利的表征。但这里的空间还包括纪念碑历史、社会舆论、文化意义上的空间与权利的关系。也只有这样，才能较为客观全面地理解纪念碑中权利和空间的关系，从而更深刻地认识今天的俄罗斯纪念艺术。

历史上苏俄纪念碑中权利与空间的关系按照社会形态的性质可以分为三个大的阶段。第一个阶段是从纪念碑在俄罗斯的建造开始到十月革命前，是沙皇俄罗斯阶段，这一时期典型特征是皇权与神权的结合，是纪念碑从欧洲的移植发展到俄罗斯化的时期。第二阶段是苏联时期，从 1918 年开始到 1991 年苏联解体结束，是纪念碑获得重大发展的时期，重要特点是国家意识形态通过纪念碑宣传对意识形态空间的灌输与控制。第三阶段是从 1991 年以来的苏俄社会转型时期，这一时期纪念碑艺术呈现出向俄罗斯传统回归与苏联时期纪念碑影响并存的局面，这一时期宗教与民族复兴，大量民族宗教题材的纪念碑重新回到了城市空间。

俄罗斯纪念碑始建于 18 世纪，始于彼得大帝对彼得堡城市规划建造时期，纪念碑在城市空间中的关系是在彼得堡城建造之初就进行的整体规划。当时在欧洲纪念碑传统的直接影响下，沙皇政府邀请欧洲著名雕塑家，结合俄罗斯本土特色创造君王纪念碑，显示了纪念碑在城市空间、君王权利方面的重要象征性。这一时期的纪念碑属于古典时期的创作风格。1716 年正值规划建造彼得堡城的，彼得大帝邀请了意大利雕塑家拉斯特列里来到彼得堡，创造了彼得大帝纪念碑。叶卡捷琳娜二世于1766年曾邀请法国雕塑家法尔科内来俄罗斯创建彼得大帝雕像。雕塑家用了整整12年，直到1778年才创作完成。雕像于1782年开幕，这就是著名的位于涅瓦河畔、伊萨基夫斯基教堂旁边的“彼得大帝纪念碑”。纪念碑占据了彼得堡最好的景观位置，空间上的优越性显示了纪念碑主人翁彼得大帝权力的至高无上。这个纪念碑如今已经成为俄罗斯和圣彼得堡的象征。可以说18世纪俄罗斯纪念碑的出现是直接在意大利、法国、德国等欧洲国家雕塑家参与建造的结果，纪念碑放置的优越地理位置显示了君王至高无上的权力。但是这一时期主要是纪念碑从欧洲向俄罗斯“移植”阶段，俄罗斯尚未形成自身纪念碑在历史、文化上的特点，没有建立俄罗斯本土化纪念碑的艺术语言。因此纪念碑设计上权利与空间的关系更多地体现在欧洲纪念碑设计语境下的俄国移植实践。

从18世纪纪念碑在俄罗斯出现到19世纪中叶以前差不多100年左右的时间，主要是对欧洲传统艺术的学习阶段，俄国在此基础上逐渐培养了自己的艺术家。19世纪第二个四分之一阶段（1825 ~ 1850年，延续到1870年），俄罗斯的纪念碑呈现出从古典时期向历史主义时期的转变，到了19世纪最后四分之一阶段，是俄罗斯君主雕像大量建造期。① 君主权利和纪念碑空间的关系随着历史主义纪念碑风格的形成，呈现了不同于古典时期的特点。② 如果说古典时期以外国专家在俄罗斯的实践为代表的话，此时则是俄罗斯结合自身的文化和历史逐渐形成自己风格的时期，也是纪念碑“俄罗斯化”的时期。因此这一时期沙皇雕像与

---

① «Власть и монумент», Ю. Р. Савельев, Информационно-издательская фирма «Лики России», 2011.ст:25-27.

② 历史主义时期雕像在人物的服饰、动态、情节表现、人物和建筑、雕塑基座的关系、建筑与雕塑设计的关系等方面均不同于古典主义时期，更加注重建筑的重要作用、民族性格和民族历史以及多人物的设计与展现。从这个意义上来说，它是纪念碑俄罗斯民族化的时期。19世纪末期“俄罗斯千年纪念碑”更是欧洲最早的纪念民族性质的纪念碑。

空间的关系表现出明显而强烈的带有俄罗斯历史、东正教传统等属性的特征，纪念碑被赋予了浓厚的俄罗斯民族色彩、政教相溶的治国思想，这些特征与古典时期相比有很明显的不同。另外这一时期的纪念碑除了大量的沙皇雕像，还有不少宗教纪念碑，同样也象征着皇权在精神方面的统治地位。这是古典主义时期没有的，是历史主义时期关注俄罗斯文化传统和宗教信仰的结果。《千年俄罗斯纪念碑》（1859 ~ 1862 年）是这一时期的代表。18 世纪末，叶卡捷琳娜御用雕塑家舒宾、拉舍特、卡兹洛夫斯基等雕塑家创作了不少叶卡捷琳娜雕像，还包括大量的君王和大臣的雕像。米凯申、安东科尔斯基、阿别库申等雕塑家在纪念碑创作上的探索更使俄罗斯历史主义风格日趋成熟。另外 18 ~ 19 世纪俄罗斯艺术科学院的雕塑家们对纪念碑的建造亦做出了很大贡献，同时艺术科学院还负责组织全国的雕塑竞赛等工作。这些雕塑家和机构在代表国家的纪念碑设计建造、在纪念碑雕塑俄罗斯化等方面做出了极大的贡献，成为纪念碑皇权与空间、叙事与表达的典范。

沙皇雕像是王权的象征，王权与神权的结合是亚历山大三世统治时期的典型特征，俄罗斯民族历史与宗教传统在沙皇纪念碑上占据了绝对空间，亚历山大三世时期（1881 ~ 1894 年）也是俄罗斯沙皇与宗教纪念碑发展的高峰期，亚历山大二世、亚历山大三世、叶卡捷琳娜二世和尼古拉一世纪念碑是这一时期的代表。例如 19 世纪 80 年代沙皇亚历山大二世纪念碑，沙皇亚历山大三世对纪念碑的要求是“公正而神圣”。“这一时期与彼得大帝对欧洲纪念碑的引进形成鲜明对比的是，完全要求沙皇的雕像按照俄罗斯东正教传统的样式进行设计建造”[①]，民族历史与宗教传统在纪念碑的表述上无疑占据了绝对空间。莫斯科亚历山大二世纪念碑（1882 ~ 1891 年）还进行了庞大的雕塑竞赛，汇聚了当时世界上最优秀的雕塑家。

---

① «Власть и монумент», Ю. Р. Савельев, Информационно-издательская фирма «Лики России», 2011.ст:51.

从古典主义时期发展变化到历史主义时期，雕塑家与建筑师的合作关系从以前的主导变为从属，与建筑的关系更加紧密。同时皇权反映在纪念碑三维空间的关系演变为更加庞大复杂的建筑与雕塑的结合体，甚至是宫殿式的基座或稜堡、帐幔。例如1898年朱可夫斯基等为克里姆林宫设计的亚历山大二世纪念碑为稜堡式的；冯·博克1887年设计的亚历山大二世纪念碑是宫殿式的基座。[①]雕塑形成了与权利象征物、宗教、历史叙述等许多元素融合的复合关系。

20世纪初期（1900 ~ 1910年），纪念碑设计不再延续亚历山大三世时期的历史主义风格，进入了“新古典主义”时期。这一时期彼得大帝的雕像被重新大量建造起来，艺术上重新追求古典主义风格。有资料记载，1911年纪念废除农奴制50周年之际，在俄罗斯的城市和农村共建有1500座左右的沙皇纪念像。[②]“新古典主义”风格的流行或许与20世纪初期世界范围内的艺术思潮有关，受到西欧艺术风格的影响，这种风格也与彼得大帝在俄罗斯推行欧化的开放国策相吻合。反映在纪念碑空间、叙事的表述上总体上还是延续了欧洲的纪念碑传统。

纪念碑与权利空间发展的第二阶段以十月革命为分水岭，列宁在俄国建立了世界上第一个社会主义国家，确立了全新的无产阶级政权与纪念碑——意识形态空间的对应关系。“新的革命实践把艺术变成了意识形态理论和宣传的手段……彻底地清除资产阶级腐朽和堕落：资产阶级的淫秽作品、小市民的庸俗习气、知识分子的无聊与乏味、黑帮和宗教偏见，这种历史的残余要全部清除。”[③]无产阶级政党取代沙皇王权成了新权力的缔造者，象征沙皇权力的雕像被全部拆除，代之以全新的共产主义信仰的无产

---

① «Власть и монумент», Ю. Р. Савельев, Информационно-издательская фирма «Лики России», 2011.ст:80,136,137.

② «Власть и монумент», Ю. Р. Савельев, Информационно-издательская фирма «Лики России», 2011.ст:163.

③ 原文见：«Искусство и Власть», В. С. Манин, Издательство: «Аврора», Санкт-Петербург, 2008.ср:23.

阶级理论家、革命家的雕像。共产主义理想下的雕像创作以全新的创造性的人物形象和建筑组合式样表达共产主义理想。到二战以前，最有代表性的雕塑家有安德列耶夫（以塑造列宁像最为著名）和梅尔库洛夫（以塑造斯大林像最为著名）等。

列宁推行的《纪念碑宣传法令》（1918年）使纪念碑建造第一次纳入了法令与规划的范围，纪念碑设计与实施在法律的框架下有序进行。带有浓郁意识形态色彩的纪念碑随着纪念碑宣传法令的执行渗透到社会空间、城市广场的方方面面，被广泛放置于革命曾经发生过的地方，新的城市空间、街道等重要位置。以立法保障推广纪念碑意识形态方面的宣传，通过纪念碑的宣传体现社会主义国家的优越性。在《纪念碑宣传法令》的指导下，纪念碑对城市空间性质的打造、人们思想的改造、共产主义意识形态的宣传等方面起着不可估量的作用。

第二次世界大战后，以抗击法西斯卫国战争的胜利为主题的纪念极大地改变了纪念碑在空间表述上的格局与限制。除了大大小小成百上千座的列宁纪念碑以外，纪念伟大的卫国战争胜利为主题的纪念碑及“纪念综合体”的宏大空间与叙事成为二战以后纪念碑发展最重要的线索，代表了苏联纪念碑实践的最高成就。纪念碑综合体是由多重艺术手段（建筑、雕塑、绘画、马赛克、声光电等多媒体艺术）综合而成，在从平面到立体空间宏大复杂的叙事设计中，注重叙事的节奏感和艺术感染力与人们心理体验和感受的关联，从而达到与观众情感上的共鸣，精神上的升华，激发人们的爱国热情，起到感染与教育的效果。纪念碑艺术综合体以其宏伟的气势、垂直或横向占有大尺度的空间为其最大特色，充分体现了苏俄纪念碑气势宏伟的艺术特点。这一时期可以列举的纪念碑综合体很多，主要有斯大林格勒《斯大林格勒战役英雄纪念碑》纪念综合体、柏林特列坡托夫公园《苏军纪念碑》、列宁格勒《保卫列宁格勒英雄纪念碑》、萨拉斯比尔斯的综合纪念体等。雕塑家武切季奇、阿尼库申、托姆斯基、克贝尔等成为这一时期纪念碑艺术家的代表。

1991 年苏联解体是纪念碑发展的第三阶段，这一时期的特点是国家不再以意识形态纪念碑宣传为主导，民族宗教题材重新回到了城市空间，恢复重建了许多苏联时期被拆掉的沙皇雕像，呈现出沙皇、民族宗教纪念碑与苏联时期遗留的纪念碑矛盾且兼容并陈的“后苏联时代”的奇特景观。这种矛盾的权利与纪念空间混杂的现象是今天俄罗斯最大的特征。我们在俄罗斯大街小巷、城市广场、绿地花园等地随处能见到苏联时期遗留的纪念像和新建造的教皇像并存的景象，或许它们就在城市空间的同一条街头与巷尾相对，在一条马路之遥的地方互相注视和打量着，甚是有趣。对城市空间占有的背后是一个个时代的全息拓片，蕴含着每个时代的遗传密码，不过这样的对视带给人们的是更多的思考，思考的不仅是苏俄问题，而且是关于人类自身历史与命运、政体与国家、信仰与认同等多方面的终极哲学问题。

俄罗斯特殊的文化传统，当代权利和空间的关系还体现在卢日科夫出任莫斯科市市长期间（1992 ~ 2010 年），对莫斯科城市面貌的改造和影响，超大规模纪念碑的建造成为权利与空间最好的注脚。这一时期超大规模的纪念碑不同于苏联时代的 20 世纪六七十年代，因题材与意识形态的不同，艺术家较少采用叙事性的表达手法，更倾向于单体的纪念碑表达方式。采利捷利被公认是卢日科夫设想的形象化实践者，俄罗斯人都知道，采利捷利是卢日科夫最为欣赏的艺术家，在公共场所面对媒体市长曾不止一次地称赞采利捷利是一位“天才的艺术家”。莫斯科人会毫不忌讳地说是卢日科夫和采利捷利联手改变了莫斯科的形象。艺术家设计的超大型纪念碑总能赢得市长的青睐。胜利纪念碑、彼得大帝（俄罗斯海军 300 周年）纪念像、救世主大教堂上的装饰艺术等都是在其任期内由采利捷利设计建造完成的。这些超大规模城市标志性的纪念碑和建筑物，加上极其个性化的艺术装饰风格，在很大程度上改变了莫斯科以往给人的印象。政治家与艺术家联手，权力与城市形象与空间联姻成为转型期莫斯科城市形象与空间的新特点。

第三节 纪念艺术的时代性与永恒性

纪念艺术建造于特定的时代，有着特定时代性局限，其中包括意识形态、传统文化差异、时代审美局限等的限制，但是每一件纪念性艺术都希望脱离时代的约束，希望被纪念的高尚灵魂或思想得到永恒的纪念，为后世垂范。如何协调时代的局限性与纪念艺术的永恒性问题，是每一位纪念艺术的决策者和艺术家应该深入思考的问题。

时代性与永恒性，就像一个是物质范畴，一个是精神范畴。时代性更多地指向物质的局限，纪念碑中纪念的题材与内容、材料与形式加工更多受时代与科技的制约，这是一个时代固有的特征，随着时间的推移，纪念碑常带有强烈的时代烙印。纪念碑的永恒性属于精神性的范畴，是和物质相关超越物质存在的另一部分内容，代表着人类高尚的情感与精神追求。

优秀的纪念碑是时代性与永恒性的完美结合，也可以简单地理解为是物质与精神的完美结合。任何一种纪念艺术都诞生于特定的时代与社会环境，因此纪念艺术无论在纪念的内容、人物、事件，还是在艺术的语言形式、材料加工等方面都无法脱离具体的时代与社会环境。古埃及的金字塔、古希腊的神庙、古罗马时期的纪念柱、凯旋门等，以及俄罗斯古代的教堂建筑，中国古代的祭坛、礼器、陵墓的设计等，都脱不开具体时代的限制。就像考古学家可以从考古发掘的具体形制特征推断一个物品的时代一样。但是人们建造纪念碑又是为了使纪念永恒，是为了子孙后代永远不忘的铭记，希望这种纪念是超越时间达到永恒。这样的特征又成为纪念碑一个永恒的悖论：无法逾越时代的限制，但又要成为后世楷模与垂范的永恒，这种时代局限性与永恒性的矛盾是伴随着纪念碑设立就与生俱来的。但是时代性与永恒性的矛盾并非不可统一，时代性与永恒性的统一不但使纪念碑成为完美的艺术品，更重要的是纪念碑的精神性已经超越了时代的束缚，成为人们穿越时空与先贤精神交流与对话的基础。

纪念碑的永恒需要历史与时间来检验。苏联的解体，导致很多优秀艺术家塑造的雕像被一夜拆除，意识形态对纪念碑的影响是巨大的。带有强烈意识形态下的雕像，一方面不乏艺术质量很好的纪念碑（例如高尔基纪念碑，是按照雕塑家沙德尔的设计方案，由穆希娜塑造完成的，该像1952年获斯大林奖章，苏联解体后被拆除移至俄罗斯特列恰科夫新馆旁边的绿地公园内；捷尔任斯基广场上的捷尔任斯基雕像，由雕塑家武切季奇完成，苏联解体后被拆除）。但是另一方面，纪念碑的永恒可以因所纪念的人物、事件及该纪念主体对人类做出的伟大成就而不朽，譬如俄罗斯的普希金纪念碑、托尔斯泰纪念碑、我国天安门广场上的人民英雄纪念碑等。这些纪念碑或因纪念伟大的作家，或因纪念影响历史进程的重要历史事件而永远为人们所铭记。

大多数纪念碑随着社会变迁与时代更迭，人们的个人经历和情感体验与纪念内容已经没有直接关联，从而造成在感情上、心理上逐渐疏远，甚至出现对纪念的人物事件一无所知的现象。胜利纪念碑虽然建造时间距今不过20年时间，但是那段苏联人民的光辉历史随着革命老战士生命的离去，新一代年轻人对历史的陌生感已经让经历过苏联的俄罗斯人感到了忧虑担心：当战争已经成为如今新生代的“故事”或者“传说与神话”，纪念碑被自然氧化、铜锈覆盖，岁月沉积为一层厚厚的“包浆”，成为一种与人们没有任何血肉、直接的情感关联的时候，当具体的细节被岁月抹去而变得光滑的时候，我们发现周边的人们包括我们自己在内的任何一个人，都没有经历过那场战争，似乎纪念的内容已经与我们无关。人类社会的更新是如此之快，一代一代人的更新交替，逝去的历史瞬间与细节变得模糊不清，在胜利纪念碑的案例中已经面临这样的情况，对于新一代的俄罗斯人来说，二战抗击法西斯的卫国战争已经变成与自己情感无关的“他者”：“历史变得像一副骨架，被剥夺了活生生的肉体和情感细节，直接尖锐地面对事实”。[①] 我们怎样才能将历史的记忆真实地传承下去呢？从时间的向度中继承先辈精神的永恒呢？

我们还是用胜利纪念碑的案例来回答一个问题的两个侧面。2014 年 5 月 9 日的胜利节，虽然俄罗斯政府像往年一样已经为即将到来的胜利节做足了准备：在胜利节前后近一个月的时间里，俄罗斯全国的影剧院、音乐厅、展览馆、博物馆等各种公益、教育行业均已排满了庆祝二战的节目、讲座，并且早早地张贴在外面，路过的人们一目了然，当然也可以通过网络很方便地找到自己感兴趣的节目。但我还是有些担心会出现一些学者所言的现象，即当下的俄罗斯年轻人已经对纪念二战胜利不感兴趣，面对二战胜利的历史渐行渐远的现实，他们是否感到非常陌生？另外发生在苏联时代的胜利是否能被新的俄罗斯认同，带着这些疑问我试图通过胜利节的现场活动找到自己所需要的答案。答案很快被揭晓，事实证明我的丝毫担心都是多余的。5 月 9 日的胜利节那天，俯首山的胜利广场内人山人海，所有人的脸上无不洋溢着胜利的幸福和喜悦，在欢歌笑语、一路鲜花的海洋中，一幕幕感人的庆祝场面毫无矫揉造作的表演成分，映现在我的眼前：人们争相为参加战争的革命老战士和现役军人献花，合影，耳边传来的都是真诚的祝福与美好的祝愿。我注意到胜利广场上聚集最多的是年轻人，还有年轻的父母亲带着自己年幼的孩子，当然还有儿童、青少年……他们在父母、亲人长辈的带领下来到胜利广场，其中有很多人手中举着自己祖辈参加二战的亲人发黄的照片一起来参加胜利节的庆祝与缅怀。其中一位老奶奶说，让她的父亲也来感受一下胜利节的欢庆场面，她的身边站着一个少年，想必是她的孙子，手中拿着一个相框，相框内是一张英俊的青年，那是

① “Остается как бы скелет события, лишенный живой плоти эмоциональных подробностей, остроты непосредственно касающихся вас фактов” 引自：О. Швидковский. Памятник борьбы и победы. //Советская скульптура’75, «Советский художник», М., 1977г, 转引自 Смирнова К. В. «1945-2010 Памятники и мемориалы, посвященные Великой Отечественной войне», Издательство“Паллада”, Москва,2010, стр:7

70 年前为国捐躯的亲人。人们将对亲人缅怀的悲伤化作幸福的眼泪，将内心极度的追思怀恋化作优美婉转的歌声和欢快奔放的舞蹈。这样的场合气氛感染着每一个在场的人，胜利节上每一个人都在赞美、歌唱、载歌载舞，四处都是花的海洋，这是多么生动的素质教育啊！历史与记忆难道不是这样被延续的吗？以这样自发纪念庆祝的方式向世人表白俄罗斯人民对待历史的态度是那样的坚决而真挚，在全国民众的欢庆中，在具有仪式感的相互祝福中，我突然意识到胜利纪念碑已经超越了时代，超越了当年一切的苦厄，真正达到了永恒！

纪念碑的永恒固然需要时间来检验，其中最重要的是“人”的参与，没有人的参与，时间和永恒也失去了意义。由此我们自然想到“纪念碑文化”[①]在社会生活中的重要性。俄罗斯是“纪念碑文化”传统保存较好的国家，长期以来，纪念文化已经成为凝聚人们精神永恒的力量，受到纪念碑文化的哺育，俄罗斯民众常常自发地举行各种纪念活动，纪念碑在纪念文化的滋养下使我们看清了纪念艺术的“时代性”与“永恒性”的辩证关系，“人”作为纪念的主体才是连接时代性和永恒性的关键。纪念碑文化及其影响下的精神向心力是一个国家和民族自豪、自强、凝聚力的重要力量。

如今苏联时代的辉煌已经成为历史，俄罗斯又重新回到了人们的生活中。对俄罗斯传统文化与信仰的回归并不能抹杀近 75 年的苏联时代。“认同与重构”构成了转型期俄罗斯在全球化语境下的应对与战略。不忘历史，薪火相传，让纪念成为人民生活中的精神凝聚与神圣。我们有理由相信胜利纪念碑传奇般的历史还会随着时间改变再续辉煌，成为子孙后代永恒的纪念。

---

① “纪念碑文化”狭义上是指纪念碑产生的一系列文化上的影响和辐射现象。广义上则可以指一切历史建筑物的文化遗产。此语出自俄语中“Культура патятники”，“памятника”除了雕塑纪念碑以外，还包括历史上的建筑遗存、其他纪念物等。

结　语

莫斯科俯首山胜利纪念碑的设计建造跨越了从苏联到俄罗斯特殊的历史时期与社会转型，“认同”与“重构”构成了这个时期典型的社会特征，这一特征也清楚地反映在胜利纪念碑综合体的设计建造过程中。从俄罗斯历史与文化的传承中寻求当代社会的精神认同，在社会结构与意识形态的转变中重构新的俄罗斯大国形象，这是摆在苏联解体后俄罗斯面前急需解决的问题。胜利纪念碑的建成对俄罗斯重塑大国形象，凝聚俄罗斯精神的向心力，缓解社会民族矛盾等具有非常重要的现实意义。相对于以往苏俄纪念碑而言，莫斯科胜利纪念碑综合体在本质上具有很大差异。具体而言，大体上可以概括为以下几点：

胜利纪念碑确立了俄罗斯纪念碑民族精神与宗教信仰新的叙事方式。虽然胜利纪念碑综合体的整体规划仍然延续了苏联时期的设计（1983 年），但是意识形态与纪念内容已经完全偏离了苏联式的叙事方式，民族与宗教的叙事成为胜利纪念碑中的主体。这正是对苏联解体所暴露的民族宗教问题危机的应对和关照，体现了胜利纪念碑的现实意义和时代特征。自从 1918 年列宁颁布《纪念碑宣传法令》以来，苏联官方纪念碑的主题与内容受到了意识形态方面严格的审查与限制，纪念碑的内容主要是为政治服务。二战以后，围绕二战主题建造的纪念碑不计其数，其中最大规模的纪念碑综合体是斯大林格勒保卫战的纪念综合体和列宁格勒的保卫战综合体。无论何种规模与形式的纪念碑综合体，其叙事方式都没有改变，“叙事性”与“象征性”是苏联时期纪念碑综合体普遍采用的方式，但莫斯科胜利纪念碑综合体都展现了更本质的不同：前两个案例是意识形态主导下“叙事性”的教化与感召，胜利纪念碑综合体则是民族复兴与宗教问题主导下“片段”式的矛盾与共存。这是胜利纪念碑叙事方式的改变，更是纪念碑在转型期间对苏俄社会的反映，还是胜利纪念碑综合体面对俄罗斯当代民族与宗教矛盾的巨大挑战所采取的策略，具有非常重要的现实意义。正是从这个角度我们不难理解在苏俄社会极度困难时期，俄罗斯仍然不惜一切代价、花费巨大财力建造胜利纪念碑综合体。其在转型社会中的沧桑变化，是研究大型纪念碑与社会关系的最好案例。

胜利纪念碑在社会舆论的参与和大众媒体对纪念碑的影响等方面体现了公共艺术的“公共性”属性。胜利纪念碑的设计建造受到了社会舆论的巨大助力，借助报纸电视媒体等手段的传播，事件随即引发出更大更广泛的社会影响力，社会舆论对纪念碑的设计和政府决策改变产生了关键的影响，这一事件本身无疑体现了公共艺术中“公共性”的核心价值。苏俄纪念碑“公共性”的体现不同于欧美国家，是俄罗斯自发围绕纪念碑设计建造，围绕转型期民族与宗教矛盾展开的。俯首山、卫国战争纪念馆、雕塑“人民的悲剧”、方尖碑主碑以及三个纪念教堂所引发的舆论激辩，从另一个角度体现了“公共艺术”中大众决策与精英决策间的矛盾。这与西方后现代文化背景下催生的“公共艺术”理论有本质的不同。但是胜利纪念碑案例本身体现的“公共性”特质，无疑具有很高的研究价值。

胜利纪念碑综合体与以往苏联时代相比，更能体现出当代多学科的交叉与综合。在操作机制与模式、雕塑结构与工程学等方面与当代社会学、传播学、民族与宗教学、结构工程学等学科更加紧密，是研究新时期俄罗斯纪念碑、苏俄社会转型与解体的活标本。胜利纪念碑综合体所引发的有关二战胜利、民族记忆、宗教、历史、纪念碑及其本质、雕塑工程等多方面的舆论争议体现了当代多学科交叉的特点，为当代大型纪念碑研究提供了很好的研究范本。

“纪念碑文化”如今在俄罗斯的政治、社会生活中扮演着重要的作用。每年的胜利节和其他重要节日，这里都是自发聚会举行纪念的场所，民众自愿为革命老战士及其家属献花，缅怀民族英雄与先烈的功勋，承担着类似全民族的“清明节”、“国家公祭日”等社会公共职能的角色。从彼得大帝开始纪念碑艺术在俄罗斯的300年发展至今，纪念性艺术及其场域所具有的纪念性特质对当代俄罗斯转型期爱国励志、俄罗斯民族精神的培育，是自然而巨大的。“纪念碑文化”的影响发酵作用我们可以从俄罗斯无以数计、各种形式存在的纪念碑中感受到，更能从人们日常生活的习惯与仪式中感受到。在地铁车站、大街小巷、广场公园，几乎任何一个公共空间，随处可见纪念碑下的鲜花，总统经常会出席纪念碑开幕仪式。人们的聚会、演讲、纪念等活动都与纪念空间联系在一起，纪念文化已经成为老百姓日常生活中不可或缺的重要组成部分。纪念碑及其文化的影响力和辐射力在当代俄罗斯社会的精神生活中发挥着重要作用。

胜利纪念碑综合体和当代莫斯科雕塑家的艺术实践表明，俄罗斯雕塑家们正远离苏联时期具有强烈意识形态的表达方式，努力探索个人艺术风格，展现时代风采，在俄罗斯传统与当代艺术的创新中寻求平衡。或许穆希娜创作的《工人和集体农庄》、阿尼库申在《列宁格勒保卫战纪念碑综合体》中创造的战士和工人形象已经成为一个时代的经典象征一去不复返，形象中所具有的力量与坚韧品质似乎被烙上了那个时代意识形态的烙印。当代俄罗斯雕塑家和他们的苏联老前辈相比，更加注重自我品质个性的张扬，努力探索纪念碑创作中的真实与客观。随着时间的推移，我们有理由相信俄罗斯的纪念碑雕塑会更加丰富，在民族文化魅力的影响下会更加多姿多彩。

进一步研究的价值与可能。随着苏俄社会转型期的持续和深化，1995 年以后纪念碑综合体内的纪念碑数量不断增加，本书尚有进一步可持续研究的价值。除了本书所涉及的 1995 年以后建造的纪念碑以外，2014 年夏季，在莫斯科俯首山胜利广场的入口处，新设立了一座纪念 1914 ~ 1918 年的“一战纪念碑”（附图 5），显示出对一战的重视和重新评价。不断增加的纪念碑表明，胜利纪念碑综合体具有进一步持续研究的意义和价值。

附　录

胜利纪念碑建造大事记（1942 ~ 2014 年）

1942 年

战时由苏联建筑师协会组织，为了纪念卫国战争胜利的荣誉举办过两次友谊赛，并于 1942 ~ 1943 年在全国范围内举行了公开的设计竞赛。当时竞赛的范围不仅限于莫斯科市，还包括其他几个英雄城市，竞赛的项目也不仅限于抗击法西斯的胜利。

1952 年

苏联政府于当年 9 月决定建造伟大的卫国战争 1941 ~ 1945 纪念碑和纪念馆，并举办了方案的公开竞赛，纪念碑设计方案的优胜者是建筑师卢德涅夫，纪念馆内饰方案的优胜者是建筑师切尔亚豪夫斯基。但是方案因设计过于保守老旧未被采用。

1955 年

苏联元帅朱可夫再次建议建立胜利纪念碑综合体。

1957 年

12 月 31 日，苏联文化部、建设部和莫斯科城市执行委员会举办了全苏第二次公开设计方案竞赛。确立在俯首山建立伟大的卫国战争纪念碑。但是评委认为 153 件竞赛作品均没有达到设计要求。

1958 年

2 月 23 日苏共中央委员会和苏联部长会议在俯首山竖立纪念石碑，石碑上记载着：在这里将建立胜利纪念碑，以纪念苏联人民 1941 ~ 1945 年伟大的卫国战争的胜利。参加此次活动的还有党和社会团体代表，莫斯科劳动者和驻防军，苏联著名军事家、元帅马林诺夫斯基、康涅夫、萨卡洛夫斯基、布金内，空军元帅维尔什宁、海军上将果尔什科夫等。还有首都企业代表、莫斯科市民在将来的胜利公园用地内栽种了树木灌木（1961年划分出胜利公园的用地），此次活动在报纸上进行了广泛的宣传。成为胜利纪念碑历史上重要的事件与标志性的开端。

1960年

举行了全国纪念碑竞赛。

1960年以后，纪念碑的设计工作委托给雕塑家武切季奇负责。

1974年

5月15日，武切季奇逝世。武切季奇逝世以后，纪念碑的设计工作主要由雕塑家托姆斯基负责。

1979年

举行了第三次全苏胜利纪念碑的公开竞赛。

1980年

在马涅什展厅举办了纪念碑竞赛方案展览。其中建筑师、雕塑家和画家波索欣、巴克丹诺夫、阿列克散得洛夫、托姆斯基、卡鲁鲍夫斯基、卢萨科夫、克雷科夫等人的方案受到认可。评审团苏联文化部、建设部和莫斯科城市执行委员会从中选定了由建筑师和雕塑家巴萨辛和托姆斯基团队的两组方案深化设计。

1983年

2月11日和4月14日两项苏共中央的决议，决定在俯首山建造胜利纪念碑。选定托姆斯基团队设计的方案作为将来胜利纪念碑的实施方案。总造价估计1.848亿卢布。

4月21日，根据苏联部长会议决议（21.04.83. № 349），建造胜利纪念碑使用莫斯科劳动集体星期六共产主义义务劳动所得的费用共计1.94亿卢布（国家银行存款编号：№ 700828）。

1984年

苏联部长会议同意于1984年在没有确定主碑方案的情况下进行建造工作。

5月，苏联艺术科学院顾问团和美术家、建筑师协会主席团的苏联著名艺术家和建筑师指出了设计方案雕塑部分的不足：主雕过高的设计，争议的人物群雕，石材应用上的不便等。苏联艺术科学院主席乌卡洛夫和苏联美术家协会主席巴纳马列夫将结果上报苏联文化部（档案 p:269）。

9 月 14 日，根据苏联部长会议决议（14.09.84. № 972），1989 年完成胜利纪念碑的建造任务。建造任务由莫斯科城市执行委员会和苏联文化部负责。莫斯科城市执行委员会要在 1985 年确定纪念碑的设计，允许 1984 ~ 1985 年修改完成设计方案的确认工作（档案 p: 269）。

11 月 22 日，托姆斯基病逝。

1985 年

6 月 19 日，苏共莫斯科城市委员会决议加速建造纪念碑工作，计划 1987 年完成。

10 月 14 日，苏联文化部、莫斯科建筑与城市规划管理委员会、艺术和建筑界的知名人物、艺术科学院的代表、艺术创作协会、国防部等联合召开专家会议，总体上批准了纪念碑综合体的设计。

1986 年

5 月 19 日，苏联文化部签署 No:217 命令《批准 1941 ~ 1945 伟大的卫国战争中心纪念馆条例》。

6 月 10 日 ~ 8 月 1 日，在莫斯科特列恰科夫画廊展出了《胜利纪念碑》的创作小稿及设计图，有近 15000 人参观了此次展览，800 多条观众留言。苏共中央委员会文化厅提议举行新的全苏设计方案的竞赛，《苏维埃文化报》和《莫斯科真理报》组织了对此次展览的研讨会。

9 月 1 日 ~ 12 月 30 日，举行全苏第四次莫斯科胜利纪念碑主碑的设计竞赛。共收到 384 个设计方案和 506 个平面设计稿。所有的方案、画稿、建议书等内容从 1987 年 1 月 15 日 ~ 2 月 15 日在中心展览厅展出。共有 14.5 万人次参观了展览，留下了 37925 条评论和意见。因没有选出可以深化和优秀的设计作品，经过评审专家讨论，本次竞赛不做名次评选。

1987 年

5 月，舆论因对纪念主碑的批评而扩大到对整体纪念综合体的不满，政府决定暂停了胜利纪念碑综合体的建造。

9 月 1 日，举行新一轮（第五次）的胜利纪念碑选址及设计竞赛。竞赛条件发表在《苏维埃文化报》和《莫斯科真理报》上，并印刷成 2000 多份材料分送至各加盟共和国及地方上的美术、建筑联盟机构。1987 年 12 月，把邮送材料 1500 份送交给每一位预定的作者。第一轮竞赛于 1988 年 3 月 1 日结束，参展作品于 3 ~ 4 月在莫斯科中心展厅展出。第二轮竞赛在第一轮中标方案基础上展开，于 1988 年 8 月 30 日结束，之后于同年 10 月对以上方案进行了总结。

9 月 24 日，《建筑行业》和《苏维埃文化报》刊登了莫斯科胜利纪念碑设计竞赛的条件（档案 p322）。

11 月 4 日，按照莫斯科市议会执行委员会第 2619-6 号文件决议，继续建造胜利公园、1941 ~ 1945 年卫国战争纪念馆和其他一些项目，包括存储设施、保障设施、餐饮、电源、停车场等（档案编号 No：88，p：319）。

1989 年

2 ~ 3 月，莫斯科马涅什中心展厅公开展出了 1987 年竞赛后第二轮全俄胜利纪念碑选址与方案的作品。共展示由第一轮获胜者设计的 11 件方案。其中方案 1（由 В . М . Клыков 领导）和 10（由 Т . В . Некрасова 领导）被认为相对较好，两个方案均以俯首山为设计方案的选址。评审团对方案提出了修改意见，并决定于 1989 年 11 月 15 日举行第三轮竞赛（档案 No：94，p：336）。

11 月 14 日，鉴于胜利纪念碑建设效率低下及社会上的压力，苏共中央通过尽快建成胜利纪念碑的决议，在纪念碑主碑设计缺失的情况下，全面加速建设卫国战争纪念馆和胜利公园。

1990 年

4 月，建造共使用了 6000 万卢布，占可使用总经费的 32.5%。行政及后勤区域和外部公共区域共使用了 610 万卢布，计划可使用经费为 3500 万。

7 月，因 1987 ~ 1989 年的设计竞赛结果没有产生可以实施的方案，苏联部长会议决定于 1990 ~ 1991 年举行新一轮的胜利纪念碑设计委托赛（第六次）。

1991 年

胜利纪念碑竞赛阿尼库申方案获得优胜。但是所有设计方案并未被评委们选中作为实施方案。

1991 年年底，苏联解体。

1992 年

8 月 13 日俄罗斯联邦文化旅游部签署命令《关于批准 1941 ~ 1945 年伟大的卫国战争中心博物馆的概念方案》。

1993 年

5 月 27 日，采利捷利获得了由市长卢日科夫签署的全权负责胜利纪念碑综合体艺术总监的权利（文件：№ 963-РП）。

1995 年

5 月 9 日，胜利纪念碑综合体开幕。

1996 年

3 月，“人民的悲剧”纪念碑于胜利纪念碑入口广场处建成，并于 1996 年 9 月被迫改移到卫国战争纪念馆后的一侧。

1997 年

伊斯兰纪念教堂建成，建筑设计师塔日耶夫。

1998 年

犹太人纪念教堂建成。建筑设计师扎尔黑、布达耶夫、和梅斯列尔。

2004 年

12 月，国际主义战士纪念碑建成。

2005 年

5 月，反法西斯同盟国（战士）纪念碑建成。

2010 年

“反抗法西斯的战斗中我们在一起”纪念碑建成。

2014 年

8 月，一战纪念碑建成。

附 图

附图 1 柏林苏军纪念碑，武切季奇，1949 年

附图 2 斯大林格勒保卫战纪念性综合体，武切季奇主创，1967 年

附图 3　列宁格勒伟大的卫国战争英勇保卫者纪念碑，阿尼库申主创，1975 年

附图 4　二战后建造的第一座纪念胜利主题的纪念碑，位于加里宁格勒市

附图 5　一战英雄纪念碑，卡瓦利丘科等，2014 年

人名互译对照表

A

M·A·阿布拉莫夫	Абрамов М. А .
П·В·阿布罗西莫夫	Абросимов П.В.（1900-1961）
Т·Е·阿布拉泽	Абуладзе Т.Е.
阿布拉·雅尔·哈里扎	Абулла Ял-Хариджа
阿德尔·阿布拉赫	Абуллах Адель
В·А·阿卡什科夫	Агашков В. А.
Ю·В·安德罗波夫	Адропов Ю.В.（1914-1984）
В·П·阿克谢诺夫	Аксенов В.П.
К·С·阿拉比扬	Алабян К.С.（1897-1959）
亚历山大·涅夫斯基	Александр Невский（1220-1263）
Ю·亚历山德罗夫	Александров Ю.
本尼迪克特·安德森	Андерсон Бенедикт.
Н·А·安德烈耶夫	Андреев Н.А.（1873-1932）
Н·И·安德罗诺夫	Андронов Н. И
М·К·阿尼库申	Аникушин М.К.（1917-1997）
П·В·安年科夫	Анненков П.В. （1813-1887）
М·М·安东科尔斯基	Антокольский М. М.
И·Р·阿帕纳先科	Апанасенко И.Р.（1890-1943）
А·М·阿别库申	Апекушин А. М.
Г·Д. 阿尔让诺夫	Аржанов Г. Д.
Г·К·阿萨里斯	Асарис Г. К.
Ю·Н·阿法纳西耶夫	Афанасьев Ю.Н.
Ю·С·阿法纳西耶夫	Афанасьев Ю.С.（1930-）
А·阿赫玛托娃	Ахматова А.
С·Ф·阿赫罗梅耶夫	Ахромеев С.Ф.（1923-1991）

Б

М·Ф·巴布林	Бабурин М.Ф.（1907-1984）
С·А·巴兰诺夫	Баранов С.А.
Л·М·巴兰诺夫	Баранов Л. М.
巴尔马	Барма
А·Н·巴赫	Бах А.Н.（1857-1946）
巴赫金	Бахтин М. М.（Bakhtin）
Я·Б·别洛波利斯基	Белопольский Я.Б.（1916-1993）
А·А·别利亚耶夫	Беляев А.А.（1928-）
Ю·А·别利亚科夫	Беляков Ю.А.（1936-1995）
А·П·比留科瓦	Бирюкова А.П.（1929-）
Н·И·鲍布罗夫尼克夫	Бобровников Н.И.
О·И·勃韦	Бове О.И.（1784-1834）
К·А·鲍克丹纳斯	Богданас К. А.
К·М·勃戈留波夫	Боголюбов К.М.（1909-）
Е·В·勃伊丘克	Бойчук Е.В.（1918-1991）
В·И·勃尔金	Болдин В.И.（1935-）
В·博尔特科	В. Бортко
В·А·勃列日涅夫	Брежнев В.А.
Л·И·勃列日涅夫	Брежнев Л.И.（1906-1982）
А·布尔亚齐欣	Брячихин А.
В·布达耶夫	Будаев В.
С·М·布坚内	Буденный С.М.（1883-1973）
С·В·布伊诺夫	Буйнов С.В.
М·А·布尔加科夫	Булгаков М.А.
И·А·蒲宁	Бунин И.А.
А·Н·布尔干诺夫	Бурганов А.Н.

В

Л·В·瓦瓦金	Вавакин Л.В.（1895-1977）

瓦戈	Ваго Стивен (Steven Vago)
瓦伦贝里	Валленберг рауль
А · М · 华西列夫斯基	Василевский А.М. (1895-1977)
Д · 瓦西里耶夫	Васильев Дмитрий (1945-2003)
А · В · 瓦斯涅佐夫	Васнецов А. В.
Е · П · 维利豪夫	Велихов Е. П.
А · И · 维瑙科拉多夫	Виноградов А. И.
Г · Г · 沃多拉佐夫	Водолазов Г.Г.
А · А · 沃兹涅先斯基	Вознесенский А.А. (1933 ~ 2010)
В · В · 沃伊诺维奇	Войнович В.В.
Д · А · 沃尔科戈诺夫	Волкогонов Д. А.
Н · В · 瓦洛诺夫	Воронов Н. В.
Е · И · 瓦斯特科夫	Востоков Е . И .
С · В · 维库洛夫	Викулов С.В. (1922-)
А · Л · 维特别尔格	Витберг А.Л. (1787-1855)
А · В · 弗拉索夫	Власов А.В. (1900-1988)
А · А · 沃兹涅先斯基	Вознесенский А.А. (1933-)
В · В · 沃伊诺维奇	Войнович В.В.
Ю · П · 沃罗诺夫	Воронов Ю.П. (1929-)
В · И · 沃罗特尼科夫	Воротников В.И. (1926-)
Е · В · 武切季奇	Вучетич Е.В. (1908-1974)
维索斯基	Высоцкий

Г

В · Г · 格里弗	Гельфрейх В.Г.
圣乔治	Георгия Св.
А · М · 格拉西莫夫	Герасимов А.М.
А · Л · 格特曼	Гетман А.Л. (1903-1987)
吉登斯	Гидденс Энтони (Anthony Giddens)
С · 格林卡	Глинка Сергей

Л·戈卢博夫斯基	Голубовский Л.
М·С·戈尔巴乔夫	Горбачев М.С.（1931-）
М·高尔基	Горький М.（Пешков А.М.）（1868-1936）
П·С·科拉乔夫	Грачев П.С.
М·А·格里巴诺夫	Грибанов М.А.（1929-）
В·А·戈里格利耶夫	Григорьев В.А.
В·В·格里申	Гришин В.В.（1914-1992）
И·А·格里什马诺夫	Гришманов И.А.（1906-1979）
沃尔特·格罗皮乌斯	Гропиус В.
В·С·格罗斯曼	Гроссман В.С.
А·В·格鲁别	Груббе А.В.
古德科夫	Гудков
В·А·古辛斯基	Гусинский В. А.
古特诺夫	Гутнов
古奇科夫	Гучков

Д

А·А·杰涅卡	Дейнека А.А.（1899-1969）
А·Ф·多布雷宁	Добрынин А.Ф.（1919-）
Ю·多尔戈鲁基	Долгорукий Юрий（90-е гг·11в. -1157）
Ф·М·陀思妥耶夫斯基	Достоевский Ф.М.
Дж·杜达耶夫	Дудаев Дж.
А·Н·杜什金	Душкин А.Н.（1903-1977）
涂尔干	Дюркгейм
А·加特洛夫	Дятлов А.

Е

В·К·叶戈罗夫	Егоров В.К.（1947-）

М·А·叶戈罗夫	Егоров М.А.（1923-1975）
Б·Н·叶利钦	Ельцин Б.Н.（1931-2007）
	Ж
热尔凯夫斯基	Желкевский
Г·К·朱可夫	Жуков Г.К.（1896-1974）
Н·Н·朱可夫	Жуков Н.Н.
П·В·朱可夫斯基等	Жуковский П. В.
	З
И·Е·萨别林	Забелин И.Е.
Л·Н·扎伊科夫	Зайков Л.Н.（1923-）
Е·В·扎伊采夫	Зайцев Е.В.（1925-）
Б·К·扎伊采夫	Зайцев Б.К.
В·К·扎姆科夫	Замков В.К.
М·扎尔希	Зархи М.
Т·И·扎斯拉夫斯卡娅	Заславская Т.И.
В·Г·扎哈罗夫	Захаров В.Г.（1934-）
Г·А·扎哈罗夫	Захаров Г.А.（1910-1982）
В·И·兹诺巴	Зноба В.И.
	И
伊凡四世（伊凡雷帝）	Иван IV Грозный（1530-1584）
Г·А·伊万诺夫	Иванов Г.А.（1927-）
О·Т·伊万诺夫	Иванов О.Т.（1933-）
Н·С·伊万诺娃	Иванова Н.С.
Б·В·约干松	Иогансон Б.В.
Р·В·约希弗维奇	Иосифович Р.В.
约凡	Иофан Б.М.
В·Я·伊萨耶夫	Исаев В.Я.（1917-）

Р·А·依斯托明	Истомин Р.А.

К

В·И·卡泽宁	Казенин В.И.（1937-）
卡撒·基烈	Казы-Гирей
О·Н·卡鲁金	Калугин О.Н.
Ю·Ф·卡里亚金	Карякин Ю.Ф.
М·В·坎塔利亚	Кантария М.В.（1920-）
В·В·卡尔波夫	Карпов В. В.
И·卡德什金	Катышкин И.
В·С·克缅诺夫	Кеменов В.С.（1908-1988）
Л·Е·凯尔别利	Кербель Л.Е.（1917-2003）
А·П·季巴利尼科夫	Кибальников А.П.
А·Д·基弗申克	Кившинко А.Д.
О·С·基留欣	Кирюхин О.С.
В·М·克雷科夫	Клыков В.М.
И·И·克里姆亚金	Клямкин И.И.
М·И·卡兹洛夫斯基	Козловский М. И.
Л.卡洛德内	Колодный Л.
科马罗夫	Комаров А.А. А.А.
考莫夫	Комов
И·С·科涅夫	Конев И.С.
Ф·В·康斯坦丁诺夫	Константинов Ф.В.
А·科拉别利尼科夫	Корабельников А.
勒·柯布西耶	Корбюзье Ле
Г·М·科尔热夫 - 丘维列夫	Коржев-Чувелев Г. М.
Л·科尔尼耶茨	Корниец Л.
Ю·И·科罗耶夫	Короев Ю.И.
Ю·К·科罗列夫	Королев Ю.К.（1929-1992）

Ю·В·卡洛斯捷列夫	Коростелев Ю.В.
С·戈尔什科夫	Коршков С.
А·卡特罗曼诺夫	Котломанов. А
科特利亚尔	Котляр Л.К. Л.К.
Ю·А·卡舍廖夫	Кошелев Ю.А.
К·科什金	Кошкин К.
В·Н·克鲁平	Крупин В.Н.（1941-）
Э·Г·科里莫夫	Климов Э. Г.
В·克雷科夫	Клыков В.
П·Н·克雷洛夫	Крылов П.Н.
Ю·库卡其	Кугач Ю.
С·Ю·库尼亚耶夫	Куняев С.Ю.（1932-）
库普里扬诺夫	Куприянов М.В.
М·В·库图索夫	Кутузов
В·А·库切连科	Кучеренко В.А.（1909-1963）

Л

拉里·雷	Ларри Рэй（Larry Ray）
В·Н·拉赫京	Лахтин В.Н.（1924-1989）
В·В·列别杰夫	Лебедев В. В.
В·И·列宁	Ленин（Ульянов）В.И.（1870-1924）
Н·С·列斯科夫	Лесков Н.С.
В·В·李西岑	Лисицын В.В.
Д·С·利哈乔夫	Лихачев Д.С.
И·И·洛维科	Ловейко И.И.（1906-1991）
И·卢卞尼科夫	Лубенников И.
Ю·М·卢日科夫	Лужков Ю.М.（1936-）
В·Д·卢季扬诺夫	Лукьянов В.Д.
А·В·卢那察尔斯基	Луначарский А.В.

M

К·Т·马祖洛夫	Мазуров К. Т.
约翰·马西奥尼斯	Масионис Джон Дж（John J. Macionis）
М·Г·马尼泽尔	Манизер М.Г.（1891-1966）
卡尔·马克思	Маркс Карл（1818-1883）
И·П·马尔托斯	Мартос И.П.（1754-1835）
А·С·马特洛索夫	Матросов А.С.
В·В·马雅可夫斯基	Маяковский В.В.（1893-1930）
А·Д·梅尔松	Меерсон А. Д.
Ф·梅斯列尔	Мейслер Ф.
艾·门德尔松	Мендельсон Э.
С·Д·梅尔古洛夫	Меркуров С.Д.
М·О·米凯申	Микешин М. О.
К·米宁	Минин Кузьма（1570-1616）
Б·米罗维奇	Мирович Б.
Н·А·米哈伊洛夫	Михайлов Н.А.
А·И·米哈尔琴科	Михальченко А.И.
С·米霍埃尔斯	Михоэлс С.
В·М·米申	Мишин В. М.
莫洛托夫	Молотов
А·В·莫罗佐夫	Морозов А.В.
В·В·马洛斯	Мороз В.В.
В·И·穆希娜	Мухина В.И.（1889-1953）
Г·Р·穆舍季亚	Мушегян Г.Р.
Г·В·米亚斯尼科夫	Мясников Г. В.

Н

Н·А·纳扎尔巴耶夫	Назарбаев Н. А.
拿破仑	Наполеон
Э·涅伊兹维斯内	Неизвестный Э.

Т · В · 涅克拉索娃	Некрасова Т.В.
А · 尼基福洛夫	Никифоров А.Л.
И · Т · 诺维科夫	Новиков И.Т.（1907-1993）
А · А · 努伊金	Нуйкин А.А.

О

Н · В · 奥博连斯基	Оболенский Н.В.
Н · В · 奥加尔科夫	Огарков Н.В.（1917-1994）
Б · 奥库扎瓦	Окуджава Б.
С · Д · 奥尔洛夫	Орлов С.Д.
奥斯特洛乌豪夫	Остроухов
Б · В · 奥斯特洛乌莫夫	Остроумов Б.В.

П

В · С · 帕夫洛夫	Павлов В.С.（1937-）
Н · 潘琴科	Панченко Н.
Б · 帕斯捷尔纳克	Пастернак Б.
В · И · 巴哈莫夫	Пахомов В.И.
Э · К · 别尔维申	Первышин Э.К.（1932-）
别列亚斯拉维茨	Переяславец
彼得一世（彼得大帝）	Петр I Алексеевич（Великий）（1672-1725）
Д · А · 帕利卡尔波夫	Паликарпов Д.А.（1905-1965）
Ю · П · 普拉东诺夫	Платонов Ю. П.
Д · М · 波扎尔斯基	Пожарский Д.М.（1578-1642）
И · А 帕克罗夫斯基	Покровский И. А.
Д · А · 巴利卡尔洛夫	Поликарлов Д.А.
А · Т · 波良斯基	Полянский А.Т.（1928-1993）
И · Р · 潘诺塔列夫	Понотарев И.Р.
Г · П · 波波夫	Попов Г. П.

Г·Х·波波夫	Попов Г.Х.（1936）
М·В·波索欣	Посохин М.В.（1910-1989）
波斯特尼克	Постник
Ю·А·普罗科菲耶夫	Прокофьев Ю.А.（1939-）
В·Ф·普罗梅斯洛夫	Промыслов В.Ф.（1908-1993）
А·普罗什金	А.Прошкин
Б·К·普戈	Пуго Б.К.（1937-1991）
А·С·普希金	Пушкин А.С.（1799-1837）

Р

Г·П·拉祖莫夫斯基	Разумовский Г.П.（1933-）
怀特·米尔斯	Райт Миллс（Wright Mills）
В·Г·拉斯普京	Распутин В.Г.（1937-）
Б·К·拉斯特列里	Растрелли Б. К.
М·Г·拉希莫夫	Рахимов М. Г.
Д·拉舍特	Рашетт Д.
В·И·列辛	Ресин В.И.（1936-）
А·Н·罗甘诺夫	Роганов А.Н.（1935-）
С· И·洛卡什金	Рогожкин С. И.
В. 罗日杰斯特文斯基	Рождественский Всеволод
Я·Д·罗马斯	Ромас Я.Д.
А·Г·罗切戈夫	Рочегов А.Г.（1917-1998）
Л·卢德涅夫	Руднев Л.
А·И·卢卡维什尼科夫	Рукавишников А.И.
朱利安·卢卡维什尼科夫	Рукавишников Иулиан
Е·卢萨科夫	Русаков Е.
Н·И·雷日科夫	Рыжков Н.И.（1929-）
Н·梁赞诺夫斯基	Рязановский Н.В.（Nicholas V. Riasanovsky）
Б·梁赞采夫	Рязанцев Б.

C

萨沃斯季亚诺夫	Савостьянов
Т·С·萨德科夫	Садыков Т. С.
В·Т·赛金	Сайкин В.Т.（1937-）
Т·Т·萨拉霍夫	Салахов Т. Т.
Я·К·萨尔基索夫	Саркисов Я.К.
萨特	Сартр Жан-Палу（1905-1980）
И·Е·斯维特洛夫	Светлов И. Е.
Г·В·斯维利多夫	Свиридов Г. В.
С·И·斯维尔斯基	Свирский С.И.
Б·В·塞利瓦诺夫	Селиванов Б.В.
В·И·谢柳宁	Селюнин В.И.
谢梅尔吉耶夫	Семерджиев
Е·Ю·西德洛夫	Сидоров Е.Ю.
К·М·西蒙诺夫	Симонов К.М.（1915-1979）
Ю·А·斯科利亚罗夫	Скляров Ю.А.（1925-）
斯考切波	Скочпол Теда（ThedaSkocpol）
斯米尔诺夫	Смирнов
斯涅吉列夫	Снегирев
И·萨巴列夫	Соболев И.
Т·萨维特洛科夫	Советологов Т.
Н·В·萨卡洛夫	Соколов Н.В.
А·索尔仁尼琴	Солженицын А.
斯宾塞	Спенсер
И · В ·斯大林	Сталин（Джугашвили）И.В.（1878/1879-1953）
А·Р·斯捷伊马茨基	Стеймацкий А.Р.
马克·斯坦伯格	Стейнберг Марк Д.（Mark D. Steinberg）
Ф·П·斯杰普琴科	Степченко Ф.П.
Л·斯图卡切夫	Стукачев Л.

A·希利凯维奇	Хилькевич А.
П·П·赫里科维奇	Хилькевич П. П.
埃里克·霍布斯鲍姆	Хобсбаум Эрик（Eric Hobsbawm）
哈德凯维奇	Ходкевич
H·C·赫鲁晓夫	Хрущев Н.С.（1894-1971）
侯赛因·哈桑	Хусейн Хассан
	Ц
З·К·采利捷利	Церетели З.К.
В·Е·齐加尔	Цигаль В. Е.
И·Н·齐齐什维利	Цицишвили И. Н.
В·佐亚	Цоя В.
杉原千亩	Цугихара Ч.Ч.
	Ч
H·B·契科夫	Чеков Н.В.
К·У·契尔年科	Черненко К.У.（1911-1985）
Ю·Л·切尔诺夫	Чернов Ю.Л.（1935-）
Я·切尔尼亚豪夫斯基	Черняховский Я.
	Ш
М·Ш·沙伊米耶夫	Шаймиев М. Ш.
В·П·沙拉莫夫	Шаламов В.П.
Ю·А·施劳普列叶夫	Шилобреев Ю.А.
О·辛德勒	Шиндлер Оскар
Д·А·施马琳诺夫	Шмаринов Д.А.
Н·П·什梅列夫	Шмелев Н.П.
И·С·什梅列夫	Шмелев И.С.
Д·Д·肖斯塔科维奇	Шостакович Д.Д.（1906-1975）
Ф·И·舒宾	Шубин Ф. И.

人名索引

参考文献

俄文文献

一、论文

1）О некоторых особенностях установки и эксплуатации обелиска Победы на　Поклонной горе rt http://www.propublicart.ru/publication?id=14 Елена Романова, искусствовед

2）А.А.Комаров .Монументальное искусство(сущность и терминология) http://monumental-art.ru/komarov-3.htm

3）Щугуров Павел，Монументьльное искусство и public a

4）Александр Котломанов,“Общественное искусство”в современной России:опыт и перспективы，http://ais.by/story/11915

5）Александр Котломанов，Патина и public art，(Журнал «НоМИ», № 5/2006)

6）Остроумов, Борис Валентинович，Исследование, разработка и внедрение высотных сооружений с гасителями колебаний, 2003, Автореферат, Диссертация, Артикул:158571

7）Александр Владимирович，Разработка комплексной системы динамического мониторинга металлоконструкции Главного монумента памятника Победы на Поклонной горе в г. Москве, 2009, Автореферат, Диссертация, Артикул:359770

8）Касаткина, Елена Евгеньевна, Монументальная скульптура Москвы Постсоветского периода, 2004, Автореферат, Диссертация, Артикул:180885

二、出版物

1）«Памятник Победы-----История сооружения мемориального комплекса победы на Поклонной горе в Москве», Издательство: Голден Би, 2005г,ISBN 5-901124-23-5

2）«Памятник Победы-----История сооружения мемориального комплекса победы на Поклонной горе в Москве», Сборник документов 1941-1991гг Москва , 2004г.Комитет по телекоммуникациям и средствам массовой информации Правительства Москвы.

3）«Монументы СССР», Т. Безоьразова, Н. Кумузова, А. Халмурин. Москва, советский художник,1969.

4）«Советская Монументальная Скульптура 1960-1980», Н. В. Воронов, Москва, Искусство,1984

5）Справка об атмосфере обсуждения проектов памятника Победы советского народа в Великой Отечественного войне 1941-1945 годов, о характере критических замечаний и предложений по монументу в целом. Младший научный сотрудник Центрального музея Великой Отечественной войны 1941-1945гг. 13.04.87

6）О разработке сотрудниками Гостелерадио СССР проекта временного памятника Победы на Поклонной горе, В. М. ВОЗЧИКОВ, 11.03.87.

7）Приложение к приказу Министерства культура СССР № 545 от 30.12.86, Состав совета по художественному оформлению Центрального музея Великой Отечественной войны 1941-1945 гг.

8）МГК КПСС Материалы к совещанию у первого секретаря МГК КПСС тов. Ельцина Б. Н. по вопросы сооружения комплекса памятника Победы советского народа п

Великой Отечественной войне 1941-1945 гг. в г. Москве.

9）Выступление по вопросу строительства комплекс Памятника Победы советского народа в Великой Отечественной войне 1941-1945 гг. в МГК КПСС у т. Б. Н. Ельцина.

10）"Отзыв-рецензия на перечень объединений, соединений и частей, предлагаемых для увековечения в мемориале Победы советского народа в Великой Отечественной войне", «Музей вооруженных сил СССР, №1324», А. ШВЕЧКОВ, 2 августа 1988 г

11）"Об участии в симпозиуме", «Министерство культуры СССР, №377-25/9», И. А. Кузнецов , 26 декабря 1988 г.

Справка о состояние проектирования и строительство объектов Мемориального комплекса на Поклонной горе в городе Москве.(по состоянию на 15 ноября 1990 года), исп. А. Я. Яковлев.

12）"Кабинет Министров СССР расположение от 22 февраля 1991г. № 115р, Москва, Кремль.", В. Павлов , 22 февраля 1991 г.

13）«Сердце на палитре-Художник Зураб Церетели», Лев Колодный , Москв а «Голос-Пресс»2003 г.

14）«Русская советская художественная критика 1917-1941», Издательство: «изобразительное искусстро», Москва, 1982.

15）«Люди, события, памятники», Никита Воронов, Издательство: «просвещение», Москва, 1984.

16）«Руское искусство, исторический очерк», А. И. Зотов и О. И. Сопоцинский, Издательство: «Академия Художеств СССР», Москва, 1963.

17）«Искусство и Власть», В. С. Манин, Издательство: «Аврора», Санкт-Петербург, 2008.

18）«Портрет и символ монументальная скульптура России в XX веке», М. А. Бурганова, Издательство: «Творческая мастерская», Москва, 2012.

19）«В поисках утраченного смысла: ДОСТОЕВСКИЙ и его европейское путешествие в скульптурах и фотографиях Леонид Баранова», отпечатано в типографии Crown Royal, Москва, 2006.

20）«Леонид Баранов», отпечатано в типографии Российской Академии художеств, Москва, 2004.

21）«Из истории Советской архитектуры 1941-1945»,издательство«наука»,Москва 1978.

22）«1945-2010 Памятники и мемориалы, посвященные Великой Отечественной войне», Смирнова К. В. Издательство"Паллада", Москва,2010,

23）«Памяти и время—из художемтвенного архива Великий Отечественой войны 1941-1945гг.», Москва «Галарт», 2011г.

24）«Александр Бурганов», Москва 2006, ISBN 5-902153-20-4.

25）«Власть и монумент», Ю. Р. Савельев, Информационно-издательская фирма «Лики России», 2011.

三、报纸、期刊、书信

报纸

1980 年前

1）"Празднование в Москве", «Красная звезда», 25 февраля 1958 г.

2）"Из статьи в газете «Известия»", 25 февраля 1958 г.

1980 ~ 1985 年

1）"Вся страна торжественно отметила 40-летие Советских Вооруженных Сил", Лев Колодный, «ГБЛ», 1985 г.

1986年

1）"Стройка народной памяти "и"Вврх по ступеням победы", П. Шипилин , «Московская правда», 6 июня 1986 г.

2）"Ответственность педед историей",Беседу вела Н. Полежаева, «Московская правда», 6 июня 1986 г.

3）"В мастерской скульпторов",фото А. Безроднова , «Московская правда», 6 июня 1986 г.

1987年

1）"Об итогах Всесоюзного открытого конкурса на лучший эскизный проект монумента памятника Победы не Поклонной горе в Москве", ТАСС, «Красная звезда», 22 февраль 1987 г.

2）"Поклонную гору—восстановим", Ю. КУГАЧ, «Труд», 4 марта 1987 г.

3）"Мифы и явь Поклонной горы", Лев Колодный, «Московская правда», 22 марта 1987 г.

4）"Письмо ветеранов о монумента Победы, Дождутся ли воины", М. ЛОБАРЕВ, Л. САФРОНОВ, В. КОНОНЕНКО, И. КАРПОВИЧ, «Советская Россия», 1 апреля 1987 г.

5）"На Поклонной горе", Лев Колодный, «Московская правда», 9 апреля 1987 г.

6）"Вид с Поклонной горы", Лев Колодный, «Московская правда», 14 апреля 1987 г.

7）"Еще раз о Поклонной", С. СИНЯВИН, «Советская культура», 9 мая 1987 г.

8）"Каким быть памятнику Победы", И. ВЕКСЛЕР, Н. ЖЕЛЕЗНОВ, «Красная звезда», 22 мая 1987 г.

9）"В беспамятстве", Е. ЛОСОТО, «Комсомольская правда», 22 мая 1987 г.

10）"Проблема не снимается", июнь 1987 г.

11）"Памятник Победы в Москве—новый конкурс", Г. АЛИМОВ, «Известия», 22 июня 1987 г.

12）"Поклонная гора", Лев Колодный, «Московская правда», 27 июня 1987 г.

13）"Монумент достойный подвига", И. КАТЫШКИН, «Вечерняя Москва», 22 июля 1987 г.

14）"Новый конкурс новое место...", А. ГОРОХОВ, «Правда», 22 июля 1987 г.

15） "Судьба памятник Победы", А. СЕРГЕЕВ, «Социалистическая Индустрия», 22 июля 1987 г.

16）"Новый конкурс на памятник Победы", Н. ПОЛЕЖАЕВА, «Московская правда», 23 июля 1987 г.

17）"Программа и условия, Всесоюзного открытого конкурса на размещение и эскизный проект памятника Победы в г. Москве", «Советская культура», 12 сентября 1987 г.

18）"Жюри, Всесоюзного открытого конкурса на размещение и эскизный проект памятника Победы в г. Москве", «Советская культура», 12 сентября 1987 г.

19）"Судьба горы поклонной", Ю. А. ШИЛОБРЕЕВ, «Вечерняя Москва», Интервью,14 сентября 1987 г.

20）"Поклонись Поклонной горе", М. ПАРУСНИКОВА, «Московский комсомолец», 7 октября 1987 г.

21）"Гора проблем", Наталья ДАВЫДОВА, «Московские новости», 6 декабря 1987 г.

22）"Музей на Поклонной горе", Т. КОТЛОВА, «Сельская жизнь», 1987 г.

1988 年

1）"Вся страна торжественно отметиться Советских Вооруженных силы", «Красная звезда», №47(10430) 25 февраля 1988 г.

2）"Увековечить подвиг народа", Л. КОТЛЯР, «Красное знамя», 10 марта 1988 г.

3）"Как и прежде?", А. АРТЕМЬЕВ, В. ПОХАЛЕЦКИЙ, П. ШИЛЕС, Л. РАКОВ, А. МОСИЙЧУК, В. НАДЕЖИН, Е. ЗЕВИН, «Московский художник», 18 марта 1988 г.

4）"Образ Победы: трудный поиск", В. РАБИНОВИЧ, «?», апреля 1988 г.

5）"Не повторять ошибок", В. КРИВИЦКИЙ, «Советская культура», 28 апреля 1988 г.

6）"Шаг вперед или топтание на месте?", В. ТАЛОЧКИН, «Советская культура», 28 апреля 1988 г.

7）"Полуфинальный тур", В. СТУПИН, «Советская культура», 28 апреля 1988 г.

8）"Киевский район", «Вечерняя Москва», 10 мая 1988 г.

9）"Надежды и сомнения", Майор , Ю. БЕЛИЧЕНКО, «Красная звезда», 15 мая 1988 г.

10）"Решается судьба памятника", Майор , Г. АЛИМОВ, «Известия», 21 мая 1988 г.

11）"Заказчики и подрядчики", Майор Б. ХУДОЛЕЕВ, «Красная звезда», 5 июня 1988 г.

12）"Памятник Победы", А. ШУГАЙКИНА, «Вечерняя Москва», 6 июня 1988 г.

13）"Колокол памяти", Л. НЕКРАСОВА, «Московская Правда», 12 июня 1988 г.

14）"Судьба сокровищ", Борис УГАРОВ, «Труд», 15 июня 1988 г.

15）"Проекты памятника Победы", Г. ДРАЧЕВА , «Красная звезда», 15 июня 1988 г.

16）"Проекты памятник Победы", Г. ДРАЧЕВА, «Красная звезда», 17 июня 1988 г.

17）"Мэтры в лидеры не вышли", Наталья ДАВЫДОВА,

«Московские новости», 19 июня 1988 г.

18）"Проекты памятник Победы", Г. ДРАЧЕВА, «Красная звезда», 19 июня 1988 г.

19）"Решение жюри конкурса на памятник Победы в Москве", «Советская культура», 21 июня 1988 г.

20）"Труд завершен-труд впереди", В. ОЛЬШЕВСКИЙ, «Советская культура», 21 июня 1988 г.

21）"Проекты памятника Победы", Г. ДРАЧЕВА , «Красная звезда», 21 июня 1988 г.

22）"Проекты памятника Победы", Г. ДРАЧЕВА , «Красная звезда», 22 июня 1988 г.

23）"Этот хронический конкурс", И. БАРАНОВСКИЙ , «Соц. индустрия», июня 1988 г.

24）"Каким быть памятнику Победы", Е. ВАСИЛЬЕВ, «Советская культура», 23 июля 1988 г.

1989 年

1）Кусов Владимир Святославович, «Собеседнике», № 22 1989 г.

2）"Памятник, достойный Великой Победы", А. ШУГАЙКИНА, «Вечерняя Москва», 17 февраля 1989 г

3）"Храм или обелиск?", Л. НЕКРАСОВА, «Московская правда», 18 февраля 1989 г

4）"Победа в ожидании", М. СЕМЕНЮК, «Советская Россия», 21 февраля 1989 г

5）"Конкурс продлен на месяц", Г. АЛИМОВ, «Известия», 23 февраля 1989 г

6）"А вопросы остаются", Г. ДРАЧЕВА, «Красная звезда», 24 февраля 1989 г.

7）"Мрамор избытке, каким быть музею на Поклонной горе", Никита ВОРОНОВ, «Советская культура», 25 февраля 1989 г.

8）"Чтоб на все времена, академик Б. Угаров о конкурс проектов памятника Победы", О. СВИСТУНОВА, «Советской России», 15 марта 1989 г.

9）"Памятник Победы в Москве: Осталось два проекта", Г. АЛИМОВ, «Известия», 24 марта 1989 г.

10）"Объявлен дополнительный тур", А. ШУГАЙКИНА, «В Москва», 24 марта 1989 г.

11）"На всех одна Победа", М. СЕМЕНЮК, А. ЧЕРНЯКОВ, «Советской России», 4 май 1989 г.

12）"Проекты, о которых спорят", «Московская правда», 9 май 1989 г.

13）"Это памятник на века", «Литературная Россия», 12 май 1989 г.

14）"Потаенные расходы", А. СОКАЛОВЬЕВ, «Аргументы и факты», 30 май 1989 г.

15）"Монумент Победы будет!", Алексей КУБЛИЦКИЙ, «Собеседник», №19, май 1989 г.

16）"Мемориал народной памяти", ТАСС, «Известия», 1 июля 1989 г.

17）"Победа-одна на всех", ТАСС, «Вечерняя Москва», 1 июля 1989 г.

18）«В Москва», 29 июля 1989 г.

19）"Гора проблем", Иван ПОДШИВАЛОВ, «Московские новости», 20 августа 1989 г.

20）"Трофеи-у океана", Е. КОНОПЛЕВ, «Воздушный транспорт», 16 сентября 1989 г.

21）"Кокой же памятник нам нужен?", Никита ВОРОНОВ , «Советская культура», 4 ноября 1989 г.

22）"Чтобы память не меркла", Э. РОДЮКОВ, «Красная звезда», 7 ноября 1989 г.

23）"Вновь под вопросом?", Г. ДРАЧЕВА , «Красная звезда», 19 ноября 1989 г.

24）"Об ускорение строительства мемориального комплекса на Поклонной горе в г. Москве, 14 ноября 1989г ", «Известия ЦК КПСС», 12(299) декабря 1989 г.

25）"Поклонной горе быть! ", «Собеседнике», №22 1989 г.

1990 年

1）"Что же там, на Поклонной?", В. Мартышин, «Выбор» , № 2 февраля 1990 г.

2）"Казенный дом на народные деньги", Л. НЕКРАСОВА, «Московская правда», 6 май 1990 г.

3）"Поклонная гора: Время собирать камни?", А. ШУГАИКИНА, «Вечерняя Москва», 7 май 1990 г.

4）"Недоумения и надежды", Г. ДРАЧЕВА, «Красная звезда» , 10 июня 1990 г.

5）"Хроника одной неудачи", О.Т., «Советская культура» , 23 июня 1990 г.

6）"Живи, гора Поклонная!", Н. Н. ХАУСТ, «Красное Знамя» , 11 августа 1990 г.

7）"Долгострой на Поклонной горе", Н. Огарков, «Правда», 30 августа 1990 г

1991 年

1）"Пусть он придет на Поклонную гору", Вольдемар КОРЕШКОВ , «Р.Г», 8 февраля 1991 г.

2）"О дополнительных мерах по увековечению помять Советских граждан, погибших при защите Родины в предвоенные годы и в период Великой Отечественной войны, а также исполнявших интернациональный долг", М. Горбачев , «Красная Звезда», 9 февраля 1991 г.

3）"Не гордые?", Т.РЫХЛОВА, «Культура г. Москва», 14

сентября 1991 г.

1992 年

1）"На Поклонной горе отливают в золоте сталинский миф о войне", Элла МАКСИМОВА, «Известия», 25 марта 1992 г.

2）"Памятник Победы, а не музей трагедии", Н. ШАПАЛИН, «Красная звезда», 17 апреля 1992 г.

3）"Хроника", Иван РОДИН, «Независимая газета», 22 апреля 1992 г.

4）"Мемориал Победы храм на крови", «Известия», 15 июня 1992 г.

5）"Памятник равнодушию без мировых аналогов", Е. КОРОБКИНА, «Московская правда», № 209, 24 октября 1992 г.

1993 年

1）"Мемориал Победы-храм на крови", В. ВАСИЛЬВСКИЙ, «Советское Зауралье», II марта 1993 г, г. Курган.

2）"Будет праздник со слезами на глазах", «Московский комсомолец», 29 апреля 1993 г.

3）"Праздник на Поклонной горе", Борис СОЛДАДЕНКО, «Красная звезда», 4 мая 1993 г.

4）"На Поклонной горе", Т. ТАБРИН, «Гласность», 13-19 мая 1993 г.

5）"Поклон Победе на Поклонной горе", Сергей НАГАЕВ, «РГ», 24 июня 1993 г.

6）"День Победы-93 празднества от Кремлевского холма до Поклонной горы", Виктор БЕЛИКОВ, «Известия», 21 июня 1993 г.

7）"Скромная дань памяти", Елена КОРОТКОВА, «Московский комсомолец», 23 июня 1993 г.

8）"Какого цвета Знамя Победы?", Полемический разговор на

Поклонной горе, «Гласность», 24 июня 1993 г.

9）"Поклон Победе на Поклонной горе", Сергей НАГАЕВ, «Российская газета», 24 июня 1993 г.

10）"День памяти", Л. КОТЛЯР, «Московский художник», Год издания-37-й, № 25(1461),18 июня 1993 г.

11）"Комплекс на Поклонной горе намечено открыть в 1994 году. Срок назван последним", Алла МАЛАХОВА, «Красная Звезда», 27 августа 1993 г.

12）"Быть памятнику Победы!", Тазрет ЕЛОЕВ, «Вечерняя Москва», 15 ноября 1993 г.

13）"Хвост истребителя в заборе", Евгения ЯКУТА, «Культура», 2 декабря 1993 г.

14）"Закладывается храм памяти погибших в последней войне", «Московский комсомолец», 7 декабря 1993 г.

15）"Храм в память о погибших россиянах", «Ленинское знамя», 10 декабря 1993 г.

16）Евгения ЯКУТА, «Культура», 16 декабря 1993 г.

17）"Кто обогреет "Матильду"", Игорь ЖУРАВЛЕВ, «Московский комсомолец», 18 декабря 1993 г.

18）"Закатилось яблоко раздора аж на Поклонную гору...", Борис КЛЮЕВ, «Рабочая трибуна», 28 декабря 1993 г

19）"Яблоко раздора на Поклонной горе", Борис КЛЮЕВ, «Правда», 29 декабря 1993 г.

1994 年

1）"Зенитная установка в подарок", Евгения ЯКУТА, «Куранты», 4 января 1994 г.

2）"Дело не в отсутствии денег, а в отсутствии совести", Д. СЕМЕНОВ, «Московская правда», 3 февраля 1994 г.

3）"И все-таки победим", Елена БАРЫШНИКОВА, «Московская правда», 22 февраля 1994 г.

4）"Поклон тебе, гора Поклонная", Елена ВЛАДИМИРОВА, «Труд», 1 марта 1994 г.

5）"В Москве строят дзоты", Т. ЕЛОЕВ, «Вечерняя Москва», 23 марта 1994 г.

6）"Единение на Поклонной горе", Лев КОЛОДНЫЙ, «Московская правда», 8 апреля 1994 г.

7）"Мемориал Победы на Поклонной горе готовится к торжествам", Виктор БЕЛИКОВ, «Известия», 4 мая 1994 г.

8）"Поклонная гора готова к торжествам" , «Московский Запад», № 19, 9-15 мая 1994 г.

9）"Выписка из Книги почетных посетителей ЦМ ВОВ 1941-45гг." , Б. Ельцин, 9 мая 1994 г.

10）"Москва празднует день Победы" , «Вечерняя Москва», 10 мая 1994 г.

11）"Музей на Поклонной распахивает двери", «Интервью», № 6(9). май,1994 г.

12）"Лик Победы на Поклонной горе" , Лев колодный, «Московская правда», 7 июня 1994 г.

13）"Уже 17,5 миллиона павших на войне известны нам поименно" , Руслан АРМЕЕВ, «Известия», 21 июня 1994 г.

14）"Из программы подготовки и проведения празднования 50-летия Победы и других памятных дат Великой Отечественной войны 1941-1945 годов", «Ветеран», № 21(310) 1994 г.

15）"Так что же построено на Поклонной горе", Степан Ильин, «Литературная газета», 10 августа 1994 г.

16）"Поклонимся штыку?", Юрий СОРОКИН, «Московские новости», №54, 6-13 ноября 1994 г.

17）"Нужен ли штык Поклонной горе", Юрий СОРОКИН, «Куранты», 2 декабря 1994 г.

18）"Поклонная гора", БАХНЫКИН Ю. А, «Московский запад», № 18 1994 г.

19）"Остановивший войну" , № 21(190). 1червня1994 р.

1995年

1）"Опыт Байконура пригодился на Поклонной горе" , Сергей СОРОКИН, «Вечерний Клуб», 7 февраля 1995 г.

2）"Преображение Поклонной горы" , Лев КОЛОДНЫЙ, «Московская правда», 28 февраля 1995 г.

3）"На стройке памяти нашей", С. БАШКАТОВ, «Красный Воин», 5 марта 1995 г.

4）"Гора родила штык", Алла ШУГАЙКИНА, «Вечерняя Москва», 14 марта 1995 г.

5）"Энергия Поклонной горы", Лев КОЛОДНЫЙ, «Московская правда», 14 марта 1995 г.

6）"В основе-гранитные гарантин", Александр ШЕВЧУК, «Московский строитель», 14 марта 1995 г.

7）"Бронзовая лихорадка", Александр РОХЛИН, «Московский комсомолец», 14 марта 1995 г.

8）"Штурм Берлина заканчивается на Поклонной горе", Виктор БЕЛИКОВ, «Известия», 15 марта 1995 г.

9）"За месяц до Победы" , Елена Барышникова, «Московская правда», 21 марта 1995 г.

10）"Фонд 50-летия Победы" , Соб. инф, «Сегодня», 24 марта 1995 г.

11）"Гимн Российскому солдату", Евграф КОНЧИН, «Культура», 25 марта 1995 г.

12）"Сияющая богиня Победы", «Сегодня», 28 марта 1995 г.

13）"Готов распорядок Дня Победы", «Комсомольская правда», 29 марта 1995 г.

14）"Для музея построили катер", «Сегодня», 29 марта 1995 г.

15）"Мемориал вечной славы", Гаяз НУРМИЕВ, «Строительная газета», 31 марта 1995 г.

16）"Парад победы-95" , Анатолий СЛОБОЖАНЮК, «Сельская жизнь», 1 апреля 1995 г.

17）"С Поклоном на Поклонную" , «Московские новости», №22, 2-9 апреля 1995 г.

18）"Последний штурм Великой Отечественной" , Татьяна ЦЫБА, «Комсомольская правда», 5 апреля 1995 г.

19）"Два парада: красиво и достойно" , Андрей ШТОРХ, «Культура», 8 апреля 1995 г.

20）"Вознесется ли Ника на 140-метровую высоту", Сергей СОРОКИН, «Вечерний клуб», 13 апреля 1995 г.

21）"Последний памятник советской монументальной пропаганды", Игорь НЕКРАСОВ, «Независимая газета», 15 апреля 1995 г

22）"Усталая Ника, наконец, воспарила над Поклонной", Елизавета Маетная, «Комсомольская правда», 18 апреля 1995 г.

23）"Богиня Победы летит над Москвой", «Вечерняя клуб», 18 апреля 1995 г.

24）"Ника взлетела над Поклонной горой", Лев КОЛОДНЫЙ, «Московская Правда», 18 апреля 1995 г.

25）"Бронепоезд напрокат", И. К, «Московский комсомолец», 21 апреля 1995 г.

26）"За богиней никой теперь присматривают ангелы", Александр РОХЛИН, «Московский комсомолец», 21 апреля 1995 г.

27）"Будет буря—мы поспорим!" , Александр РОХЛИН, «Московский комсомолец», 22 апреля 1995 г.

28）"Ника «обиделась» на многих...но не на нас", Елена

БАРЫШНИКОВА, «Московская правда», 25 апреля 1995 г.

29) "Строители взялись за храм Георгия Победоносца", «Вечерний Клуб», 25 апреля 1995 г.

30) "Георгия победоносца заковали в бронзу", Александр РОХЛИН, «Московский комсомолец», 26 апреля 1995 г.

31) "Георгий Победоносец торжествует на Поклонной горе", Лев КОЛОДНЫЙ, «Московская Правда», 28 апреля 1995 г.

32) "Як-3 приземлился на Поклонной", Наталия ЯЧМЕННИКОВА, «Российская газета», 28 апреля 1995 г.

33) «Куранты», 28 апреля 1995 г.

34) "Монумент Победы на Поклонной горе пройдет серию испытаний на прочность", «Вечерняя Москва», 29 апреля 1995 г.

35) "В белом камне и бронзе чудный храм на горе", «Комсомольская правда», 4 мая 1995 г.

36) "Ошибку писаря выбили золотыми буквами", Игорь МЯСНИКОВ «Вечерняя Клуб», 4 мая 1995 г.

37) "Храм Победоносца", Ольга НИКОЛЬСКАЯ, «Вечерняя Москва», 6 мая 1995 г.

38) "Памятник Победы открыли как могли", Ольга Кабанова, «Культура», 6 мая 1995 г.

39) "Святой Георгий на Поклонной горе", Лев КОЛОДНЫЙ, «Московская Правда», 7 мая 1995 г.

40) "Богиня Победы над поклонной", Дмитрий АНОХИН, «Вечерняя Москва», 9 мая 1995 г.

41) "Низкий поклон вам!", Людмила БАЙКОВА, «Вечерняя Москва», 9 мая 1995 г.

42) "Грандиозное празднование 50-летия Победы завершилось", Евгений КРАСНИКОВ, «Независимая газета», 11 мая 1995 г.

43）"Надежда мне ближе всего", Марат САМСОНОВ, «Правда», 11 мая 1995 г.

44）"Поклонная гора с плеч? уходит в историю 50-летие Победы", Василий УСТЮЖАНИН, «Комсомольская правда», 12 мая 1995 г.

45）"Поклонная гора: таланты есть, поклонников маловато", Татьяна ЦЫБА, «Комсомольская правда», 25 мая 1995 г.

46）"Дар Украины установлен на Поклонной горе", Игорь МАСЛОВ, «Вечерняя Москва», 24 июня 1995 г.

47）"Ансамбль на Поклонной ", Михаил СОКОЛОВ, «Деловой мир», 29 май-4 июня 1995 г.

48）"Ансамбль на Поклонной", Михаил Соколов, «Деловой мир», 29 июня 1995 г.

49）"Конфликт между городом и деревней", Михаил ЛАНЦМАН, «Сегодня», 2 августа 1995 г.

50）"Ника никуда не улетит", Яна ЗУБЦОВА, Иван Луцкий, «Аргументы и факты», 3 августа 1995 г.

51）"Дети подземелья красят небо", Яков КРОТОВ, «Московские новости», 13 августа 1995 г.

52）"Мертвая зона на Поклонке", Татьяна ЦЫБА, «Комсомольская правда», 16 сентября 1995 г.

53）"Мы мирные дети, но наш бронепоезд стоит на Поклонной горе", Сергей ФРОЛОВ, «Комсомольская правда», 22 сентября 1995 г.

54）"Валькирии в бронзе и камне", Леонид Черноусько, «Культура», 23 сентября 1995 г.

55）"А это-памятник чему?", Анатолий СМИРНОВ, «Завтра», 14 ноября 1995 г.

56）"Монумент на Поклонной качается, но упасть ему не дадут", «Сегодня», 15 ноября 1995 г.

57）"Военнопленные на Поклонной горе", Юлий ШИХОВ, «Сегодня», 5 декабря 1995 г.

58）"Телохранитель богини ники--Что прячет за спиной символ Победы", Александр РОХЛИН, 1995 г.

1996年

1）"Забытые памятники Поклонной", Бар-БИРЮКОВ Октябрь Петрович, «Вечерний клуб», 27 января 1996 г.

2）"Талант и труд творят красоту", Владимир УСПАССКИЙ, «Рабочая трибуна», 31 января 1996 г.

3）"Поклонись на Поклонной", Валерий КОНДАКОВ, «Рабочая трибуна», 14 февраля 1996 г.

4）"На поклонной горе опять «трагедия народа»", Андрей ДЯТЛОВ, «Комсомольская Правда», 3 марта 1996 г.

5）"Памятник поколению победителей", Виктор ДОЛГИШЕВ, «Красная звезда», 5 марта 1996 г.

6）"Отсюда далеко видно, и прошлое, и будущее", Борис СУМАШЕДОВ, «Рабочий трибуны», 6 марта 1996 г.

7）"Поклонная гора: на 142-метровой высоте", Евгений ЦВЕТНОВ, «Вечерняя Москва», 12 марта 1996 г.

8）"Железная леди", Игорь ЖУРАВЛЕВ, «Московский комсомолец», 30 марта 1996 г.

9）"Парк ужасов на Поклонной горе", Титус СОВЕТОЛОГОВ, «Независимая газета», 2 апреля 1996 г.

10）"Памятники, которые не мы выбираем", Алла ШУГАЙКИНА, «Вечерняя Москва», 4 апреля 1996 г.

11）"Каменное нашествие царей на Москву", Элла МАКСИМОВА, «Известия», 17 апреля 1996 г.

12）"Монументальная двусмыслица", Ольга ДАВЫДОВ, «Независимая газета», 18 апреля 1996 г.

13）"Трагедия Поклонной горе продолжается", Татьяна

ЦЫБА, «Комсомольская Правда», 20 апреля 1996 г.

14）"От трагедии к триумфу", Лев КОЛОДНЫЙ, «Московская Правда», 27 апреля 1996 г.

15）"Пыль и солнце над Поклонной горой", Владимир БУДАЕВ, «Независимая газета», 27 апреля 1996 г.

16）"Поклонная гора, пятница, 8 утра", Татьяна ЦЫБА, Андрей ДЯТЛОВ, «Комсомольская Правда», 27 апреля 1996 г.

17）"Чему поклонимся на Поклонной горе", Владимир БУДАЕВ, «Российская газета», 5 мая 1996 г.

18）"Послы и цветы на Поклонной горе", Л. К, «Московская правда», 7 мая 1996 г.

19）"Люди уходят в небо", Александр РОМАНОВ, «Рабочая трибуна», 8 мая 1996 г.

20）"Да будет память о них священна...", «Торговая газета», 8 мая 1996 г.

21）"Для управления Поклонной горой создается одноименная фирма", «Торговая газета», 8 мая 1996 г.

22）"Трагедию народов" уберут с глаз долой", Татьяна СТРЕЛЬЦОВА, «Московский комсомолец», 12 мая 1996 г.

23）"Трагедия" Поклонной горе ", Терентьева. Л, «Комсомольская Правда», 12 мая 1996 г.

24）"Скульптурное нашествие", Евграф Кончин, «Культура г. Москва», 18 мая 1996 г.

25）"«Трагедия народов» на Поклонной горе не состоится", Татьяна ЦЫБА, «Комсомольская Правда», 18 мая 1996 г.

26）"Поклонная дыра", «Московские новости», 19 мая 1996 г.

27）"Не угнетайте нас трагизмом", Мария Чегодаева, «Московские новости», 26 мая 1996 г.

28）"Над Поклонной горой снова нависли тучи", Письмо с

комментарием, «Красная звезда», 8 июня 1996 г.

29）"На камни смотришь, а в душе-восторг!", Юрий СОМОВ, «Куранты», 11 июня 1996 г.

30）""Трагедия народов" не найдет себе места", Татьяна ЦЫБА, «Комсомольская Правда», 15 июня 1996 г.

31）"Награждены создатели комплекса на Поклонной горе", «Вечерний Клуб», 9 июля 1996 г.

32）"На Поклонной горе приступают строительству синагоги", «Московский Комсомолец», 16 июля 1996 г.

33）"Утверждать истину, а не угодничать", Виктор ПЕСКОВ, «Вечерняя Москва», 4 сентября 1996 г.

34）"Трагедия народов" продолжается", А.Р, «Московский комсомолец», 30 сентября 1996 г.

35）"Талант и труд творят красоту", В. УСПАСКИЙ, «Рабочий трибуны», 31 января 1996 г.

1997 ~ 2000 年

1）"Немного солнца в холодной воде", Лариса ДОЛГАЧЕВА, «Культура», 15 февраля 1997 г.

2）"Потомки снесут этот хлам", Е. ШМИГЕЛЬСКАЯ, «Культура», 15 февраля 1997 г.

3）"Негоже Поклонной идти на поклон", Владислав ПАВЛЮТКИН, «Красная звезда», 19 февраля 1997 г.

4）"Поклонная гора", Ольга КОНСТАНТИНОВА, «Ветеран», №17(442) 1997 г.

5）"Мемориальная мечеть на Поклонной горе открыта", Илья РЯЗАНЦЕВ, «Независимая газета», 25 сентября 1997 г.

6）"Этот музей должен жить вечно", «Красная звезда», 21 февраля 1998 г.

7）"Над Поклонной горой «сгущаются тучи»", Александр УШАКОВ, «Красная звезда», 8 апреля 1998 г.

8）"«Рассмотреть вопрос о ликвидации»", Татьяна АНДРИАСОВА, «Московские новости», №14, 12-19 апреля 1998 г.

9）"Танк на Поклонной горе-жертва «пьяной» экспертизы", Маргарита МАКАРОВА, «Московские ведомости», 4 мая 1999 г.

10）"Нужна ли защита", Дмитрий АНОХИН, «Вечерняя Москва», 6 июля 2000 г.

11）"МИД под прицелом", Вадим САРАНОВ, «Версия», 28 ноября-4 декабря 2000 г.

2001 年以来

1）"Пушки потеснят автомобили", Егор ГРОНСКИЙ, «Московская правда», № 28 от 17 июля 2001 г.

2）"Царь пушка XX века", Тимур МАРДЕР, «Жизнь», сентября 2001 г.

3）"Орудие в тупике", Александр БОНДАРЕНКО, Юрий ШИПИЛОВ, «Красная звезда», сентября 2001 г.

4）"Игрушки с царь пушкой", Александр ДОБРОВОЛЬСКИЙ, «Московский Комсомолец», октября 2001 г.

5）"Нюрнбергский процесс в новом освещении", Аделаида СИГИДА, «Коммерсанты», №18 от 3 октября 2001 г.

6）"Нюрнбергский набат над миром и Чечней", Владимир ВЕРИН, «Парламентская газета», №188(819), 6 октября 2001 г.

7）"Бой за последнюю пушку", Владимир ВЕРИН, «», 25 октября 2001 г.

8）"Ахтунг, танки!", Александр ДОБРОВОЛЬСКИЙ, «Московский Комсомолец», 15 ноября 2001 г.

9）"На Поклонной горе появилась пушка на рельсах", «Московский Комсомолец», 7 декабря 2001 г.

10）"Святой подвиг русского солдата", «Русь державная», №4(83) 2001 г.

11）"Последняя битва франтов", М. ХОДАРЕНОК, «Независимая», 6 марта 2002 г.

12）"Грани смутного времени", «Красная звезда», 27 ноября 2004 г.

13）"Вспомнит он пехоту и родную роту", «Красная звезда», 27 ноября 2004 г.

期刊

1）"Крупнейший в Москве открытый плавательный бассейн", Д. ЧЕЧУЛИН, «Архитектура и строительство Москвы», №10, 1958 г.

2）"Всесоюзный конкурс на лучший проект памятника Победы", А. ХАЛТУРИН, «Архитектура и строительство Москвы», №11, 1958 г.

3）"Великому подвигу советского народа посвящается", А. ПОЛЯНСКИЙ, «Архитектура СССР», март-апрель 1985 г.

4）"Судьба Поклонной", Борис Рязанцев, «Огонек», №6 7-14 февраля 1987 г.

5）"В две смены...на народные деньги", Борис Рязанцев, «Огонек», №12 март 1987 г.

6）"Как и когда будет увековечен подвиг народа в Великой Отечественной войне?", В. БАШКИН, «Глобус», 19(214) 6 мая 1988 г.

7）"Накануне выбора?", Михаил УТКИН, «Архитектура и строительство Москвы», №9, 1989 г.

8）"Мемориал Победы", В. С. АСТРАХАНСКИЙ, В.А. ГРИГОРЬЕВ, «Военно-исторический журнал», №7, 1989 г.

9）"Опасность монументализма", Ю. П. МАРКИН, «Военно-исторический журнал», №7, 1989 г.

10）"Храм на Поклонной горе", «Огонек», № 19, 1993 г.

11）"Музей на Поклонной распахивает двери", Интервью вел Виктор БАШКИН, «Интервью», № 6 (9), май 1994 г.

12）"Зримая летопись народного подвига", Н. ПЛАТОНОВА, «Юный художник», № 2 1995 г.

13）"Подвигу народа посвящается", В. М. БУДАЕВ, «Архитектура и строительство Москвы», № 3 1995 г.

14）"Народный памятник Победы", М. ГОРОШКО, В. КОСТИН «Юный художник», № 10 1995 г.

15）"Поклонимся Поклонной", Семен СМОЛИЦКИЙ, «Военные знания», май 1996 г.

16）"Память о нашей Победе", Ю. ПАХНЫКИН, «Наука и религия», № 6 1998 г.

17）"Поклониться памяти павших", «Diplomat», май 2001 г.

18）"Все 1418 дней...", Алексей РАКОВ, «Встреча», №8 2004 г.

书信

1）"Письмо к Борису Николаевичу Елицину", В. М. ВОЗЧИКОВ, 19 апреля 1987 г.

2）"Письмо к Прусоковой А. А", Киндруку П. П, 22 декабря 1987 г.

3）"", 13.07.1988г.

4）"Центральный музей Великой Отечественной войны Ученый совет музея 121233, Москва, ул. Братьев Радченко, ", 8.08.1988г.

其他外文文献

1）“Moscow's victory park: A monumental change”, NuritSchleifman, History and Memory;Fall 2001; 13, 2; Ethnic NewsWatch (ENW)

2）“Russia:Lost and Found”, Mark Medish, Daedalus, Vol. 123, No. 3, After Communism: What? (Summer, 1994), pp. 63-89

3）“Unraveling the Threads of History: Soviet-Era Monuments and Post-Soviet National Identityin Moscow”, Benjamin Forest and Juliet Johnson, Annals of the Association of American Geographers, Vol. 92, No. 3 (Sep., 2002), pp.524-547.

4）“Why Do People Sacrifice for Their Nations?”, Paul C. Stern, Source: Political Psychology, Vol. 16, No. 2 (Jun., 1995), pp. 217-235

5）“National Monumentalization and the Politics of Scale: The Resurrections of the Cathedral of Christ the Savior in Moscow”,DmitriSidorov, Annals of the Association of American、Geographers, Vol. 90, No. 3 (Sep., 2000), pp.548-572

6）“New Moscow Monuments, or, States of Innocence”, Bruce Grant,American Ethnologist, Vol. 28, No. 2 (May, 2001), pp. 332-362

中文文献

图书

[1] 阿诺德·豪塞尔 . 艺术社会学 [M].

[2] 维多利亚·亚历山大 . 艺术社会学 [M]. 南京：江苏美术出版社，2009.

[3] 本尼迪克特·安德森 . 想象的共同体——民族主义的起源与散布（增订版）[M]. 上海：上海世纪出版集团上海人民出版社，2011.

[4] 吉登斯 . 民族——国家与暴力 [M]. 北京：三联书店，1998.

[5] 埃里克·霍布斯鲍姆 . 民族与民族主义 [M]. 李金梅译 . 上海：上海人民出版社，2006.

[6] 安东尼·史密斯 . 民族主义 [M]. 上海：上海人民出版社，2006.

[7] 安东尼·史密斯 . 全球化时代的民族与民族主义 [M]. 北京：

中央编译出版社，2002.

[8] 厄内斯特·盖尔纳 . 民族与民族主义 [M]. 北京：中央编译出版社，2002.

[9] 埃里·凯杜里 . 民族主义 [M]. 北京：中央编译出版社，2002.

[10] 德·谢·利哈乔夫 . 解读俄罗斯 [M]. 北京：北京大学出版社，2003.

[11] 格·萨塔罗夫等 . 叶利钦时代 [M]. 北京：东方出版社，2002.

[12] 沈志华 . 一个大国的崛起于崩溃 [M]. 北京：社会科学文献出版社，2010.

[13] 尼古拉·梁赞诺夫斯基，马克·斯坦伯格 . 俄罗斯史 [M]. 上海：上海人民出版社，2009.

[14] 尼古拉·伊万诺维奇·雷日科夫 . 大国悲剧 [M]. 徐昌翰等译 . 北京：新华出版社，2010.

[15] 大卫·科兹，弗雷德·威尔 . 来自上层的革命——苏联体制的终结 [M]. 曹荣湘，孟鸣岐等译 . 北京：中国人民大学出版社，2010.

[16] 李慎明 . 历史的风——俄罗斯学者论苏联解体和对苏联历史的评价 [M]. 北京：人民出版社，2009.

[17] 尼古拉·韦尔特 .1917 年，革命中的俄罗斯 [M]. 上海：上海世纪出版集团上海人民出版社，2007.

[18] 金兹堡 . 风格与时代 [M]. 陈志华译 . 西安：陕西师范大学出版社，2004.

[19] 叶夫多基莫夫 . 俄罗斯思想中的基督 [M]. 杨德友译 . 上海：学林出版社，1999.

[20] 程正民，王志耕，邱运华 [M]. 卢那察尔斯基文艺理论批评的现代阐释 [M]. 北京：北京大学出版社，2006.

[21] 徐葆耕 . 叩问生命的神性 [M]. 桂林：广西师范大学出版社，2009.

[22] 张捷 . 苏联文学最后十五年纪事 1977/1991[M]. 北京：中国社会科学出版社，2011.

[23] 瓦列里·季什科夫.苏联及其解体后的族性、民族主义及冲突[M].姜德顺译[M].北京：中央民族大学出版社，2009.

[24] 何怀宏.道德·上帝与人——陀思妥耶夫斯基的问题[M].北京：新华出版社，1999.

[25] 尤里·谢尔盖耶维奇·里亚布采夫.千年俄罗斯——10至20世纪的艺术生活与风情习俗[M].张冰，王加兴译.北京：生活·读书·新知三联书店，2007.

[26] 殷双喜.人民英雄纪念碑研究[M].石家庄：河北美术出版社，2006.

[27] 亚·维·菲利波夫.俄罗斯现代史（1945 ~ 2006）[M].吴恩远等译.北京：中国社会科学出版社，2009.

[28] 陆南泉.苏联经济体制改革史论（从列宁到普京）[M].北京：人民出版社，2007.

[29] 爱德华·莫迪默，罗伯特·法恩.人民·民族·国家——族性与民族主义的含义[M].刘泓，黄海惠译.北京：中央民族大学出版社，2010.

[30] M·P·泽齐娜，Л·B·科什曼，B·C·舒利金.俄罗斯文化史[M].刘文飞，苏玲译.上海：上海译文出版社，2005.

[31] 索福罗尼.俄罗斯精神巨匠——长老西拉[M].戴桂菊译.上海：华东师范大学出版社，2007.

[32] 安德兰尼克·米格拉尼扬.俄罗斯现代化与公民社会[M].徐葵等译.北京：新华出版社，2003.

[33] 李锡胤.伊戈尔出征记[M].北京：商务印书馆，2003.

[34] 赫尔曼·海塞等.陀思妥耶夫斯基的上帝[M].斯人等译.北京：社会科学文献出版社，1999.

[35] 乐峰.俄国宗教史[M].北京：社会科学文献出版社，2008.

[36] 鲍里斯·尼古拉耶维奇·米罗诺夫.俄国社会史——个性、民主家庭、公民社会及法治国家的形成[M].张广翔等译.济南：山东大学出版社，2006.

[37] 王松亭.古史纪年[M].北京：商务印书馆，2010.

[38] 贝文力 . 转型时期的俄罗斯文化艺术 [M]. 上海：上海人民出版社，2012.

[39] 迈克尔·麦克福尔 . 俄罗斯未竟的革命——从戈尔巴乔夫到普京的政治变迁 [M]. 唐贤兴，庄辉，郑飞译 . 上海：上海世纪出版集团，2010.

[40] 米·谢·戈尔巴乔夫 . 改革与新思维 [M]. 北京：新华出版社，1988.

[41] 戈尔巴乔夫言论选集（1984 ~ 1986 年）[M]. 苏群译 . 北京：人民出版社，1987.

[42] 崔卫，刘戈 . 俄文网络信息资源及利用 [M]. 北京：北京大学出版社，2013.

[43] 史蒂文·瓦戈 . 社会变迁 [M]. 王晓黎等译 . 北京：北京大学出版社，2007.

[44] 尼古拉·别尔嘉耶夫 . 自我认知 [M]. 汪剑钊译 . 上海：上海人民出版社，2007.

[45] 尼古拉·别尔嘉耶夫 . 文化的哲学 [M]. 于培才译 . 上海：上海人民出版社，2007.

[46] 哈贝马斯 . 公共领域的结构转型 [M]. 曹卫东，王晓珏，刘北城，宋伟杰译 . 上海：学林出版社，2002.

[47] 安东尼·吉登斯 . 社会学 [M]. 赵旭东等译 . 北京：北京大学出版社，2004.

[48] 威廉·乌斯怀特，拉里·雷 . 大转型的社会理论 [M]. 吕鹏等译 . 北京：北京大学出版社，2011.

[49] 格奥尔基·弗洛罗夫斯基 . 俄罗斯宗教哲学之路 [M]. 上海：上海世纪出版集团，2006.

[50] 陈瑞林，吕富珣 . 俄罗斯先锋派艺术 [M]. 南宁：广西美术出版社，2001.

[51] 安启念 . 俄罗斯向何处去——苏联解体后的俄罗斯哲学 [M]. 北京：中国人民大学出版社，2003.

论文期刊：

1）林精华．善待历史：俄国日常中的苏联 [J]. 读书，2014，9.

2）周博．公共艺术价值何在？ [J]. 读书，2014，9.

后 记

本书的形成与出版首先要感谢我的博士生导师潘耀昌先生。在本书的选题、框架和论述的方式方法，资料的整理与收集处理等方面，潘先生给了我很多有益的指导，付出了大量的心血。潘先生严谨的治学态度、广博的学识涵养、独立思考的学者风度给了我莫大的影响。本书“胜利纪念碑”展开研究的契机是在2011年前后，当时我曾向潘先生请教一些俄罗斯纪念碑的问题，在潘先生的鼓励引导下基本确立了以莫斯科“胜利纪念碑”综合体为研究方向。在潘先生的建议下，本人于2012 ~ 2013年作为访问学者造访了莫斯科苏里科夫美术学院。得益于访问期间苏里科夫美术学院和其他社会机构的大力协助，文献资料收集工作进展顺利，本书的初稿也得以在访问期间基本完成。需要说明的是胜利纪念碑不同于以往苏联时期的纪念碑，所采用的方法途径缺少可参看的前人文献，俄罗斯对此的研究尚不够系统充分，因此本书中出现的错误和不当之处本人当负文字的全部责任。

在莫斯科苏里科夫美术学院访学期间，本人一边收集整理有关胜利纪念碑的文献资料，一边进行本书初稿的写作。本人曾于1989 ~ 1990年间在苏里科夫美院就读预科，当时还是苏联时期，阔别22年之后重访俄罗斯苏里科夫美术学院，进入当年学习过的教室还是那样熟悉，丝毫没有一点陌生感。苏俄多年基本不变的教学环境总是让人在惊喜之外不免有物是人非的感伤。这种情感与胜利纪念碑曲折多舛的命运可谓不谋而合。

本书在写作过程中，先后得到很多专家学者热情的指导和帮助。著名艺术史家邵大箴先生对本书一些概念的界定提出了非常有益的建议。中国美院雕塑系、深圳市公共艺术中心孙振华教授、中央美术学院美术学研究所宋晓霞教授、北京大学翁剑青教授、中国美术学院张坚教授以及上海美术学院史论系王洪义教授对文章初稿进行过审阅，分别从不同角度对本书提出了建设性的意见，在此一并表示衷心感谢！

感谢华东理工大学社会学董国礼教授，他从社会学视角给我了很多启发性的建议，并提供了英文的文献资料。另外还有社会学陈琦华博士、魏永峰博士，与他们的交流使文章章节处理更趋合理。

感谢上海大学图书馆的负责馆际互借的老师，他们热情地帮助我利用国家图书馆的境外互借资源优势，较早地从莫斯科国家图书馆调来珍贵的《胜利纪念碑建造档案》资料汇编。使我在访问前就对胜利纪念碑的建造有一个较为全面的了解。感谢上海大学的张岚老师对本书的英文摘要部分进行了认真的修改校对。

访问期间，首先要感谢苏里科夫美术学院外办主任叶琳娜女士提供了许多获取文献的信息和便利。还要感谢苏里科夫美术学院史论系斯维特罗夫教授，他对本书提出了建设性和开拓性的建议，并推荐了当代俄罗斯纪念碑雕刻家，使我认识了许多雕塑家并获赠了他们的文献资料。苏里科夫美术学院雕塑系主任嘎利姆教授非常热情地提供了有关纪念碑研究及雕塑家武切季奇博物馆的资料；秘书处斯维特兰娜女士提供了获取文献资料证明的便利；胜利纪念碑图书馆的塔季扬娜和季娜伊达两位女士提供了当时大部分的报纸及杂志资料；胜利纪念馆档案馆的柳博芙和叶琳娜女士提供了建造纪念碑的背景档案以及建筑师戈鲁博夫斯基珍贵的图片手稿资料。另外还有苏里科夫美术学院图书馆的工作人员，尤其是格拉辛珂女士，她热情地协助我查阅了美院图书馆课题研究相关的文献资料。

感谢我的同事和朋友们，是他们的支持与包容，使我能够有一个较为轻松的教学研究环境，同时还要感谢那些一直支持我的师长、朋友们。

特别感谢我的家人，是他们的理解和无私付出，使我能够全身心地投入本书的写作中，没有他们的全力支持本书是不可能完成的。

本书的出版得到上海美术学院“美术学高峰学科建设经费资

助”的专项经费支持，并由中国建筑工业出版社出版，出版社吴宇江、率琦两位编辑为此付出了很多心血，在此一并表示感谢！

本书部分章节内容先后发表于《世界美术》2015 年第二期：《认同与重构——莫斯科胜利纪念碑建造历程》（简述），《美术》2015 年第十期：《当代莫斯科的纪念碑及其文化探寻》（以本文第八章内容为基础修订）。

蒋进军

2018 年 3 月 5 日于上海

图 2-1　苏维埃宫设计图，约凡，1943 年（图片来自网络）

图 2-7“库图索夫木屋”博物馆前的库图索夫纪念像（作者摄于 2014 年）

图 3-17　戈卢博夫斯基绘制的纪念主碑（图片来自胜利纪念碑档案馆）

图 3-26　从凯旋门一侧俯瞰纪念碑群中轴线全景效果图，1983 年

图 3-27　胜利纪念碑《胜利的旗帜》，1983 年，雕塑家：基留欣、切尔诺夫；建筑师：波良斯基（图片来源于胜利纪念馆）

图 3-29　胜利纪念碑主题雕塑《胜利的旗帜》，1983 年（图片来源同上）

图 3-31　卫国战争纪念馆中心大厅装饰效果图

图 3-33　波良斯基设计方案《胜利以和平的名义》，1986 ~ 1987 年（图片来自莫斯科舒谢夫建筑艺术博物馆）

图 3-34　同上从凯旋门方向远眺纪念碑中轴线全景（图片来源同上）

图 3-35　同上从凯旋门观看到的纪念碑主碑（图片来源同上）

图6-1　纪念主碑全景（图片由作者拍摄）

图 6-2　圣乔治杀龙雕像（图片由作者拍摄）

图 6-3　纪念主碑上的浮雕（图片由作者拍摄）

图 6-4　圣乔治教堂，1995 年（图片由作者拍摄）

图 6-5　伊斯兰教堂，1997 年（图片由作者拍摄）

图 6-6　犹太人纪念教堂 1998 年（图片由作者拍摄）

图 6-7　犹太人纪念教堂内部陈列（图片由作者拍摄）

图 7-2　保留的俯首山遗址（图片由作者拍摄）

图 7- 4　纪念主碑与胜利女神(图片来自网络）

图 7-1　胜利纪念碑全景（从凯旋门方向看中轴线与纪念碑与纪念馆，图片来自网络）

图 7-6 纪念主碑上的胜利女神及小天使（图片由作者拍摄）

图 7-7 卫国战争纪念馆序厅内部装饰（图片由作者拍摄）

图 7-8 卫国战争纪念馆中心大厅（图片由作者拍摄）

图 7-9 卫国战争纪念馆中心大厅的英雄战士雕像（图片由作者拍摄）

图 7-10　卫国战争纪念馆内攻克柏林全景画局部(图片由作者拍摄)

图 7-11　胜利纪念馆雕塑《悲哀》石雕克贝尔(图片由作者拍摄)

图 7-14　雕塑《人民的悲剧》,采利捷利,1996 年(图片由作者拍摄)

图 7-15 反法西斯同盟国纪念碑,2005 年(图片由作者拍摄)

图 7-16　反抗法西斯的战斗中我们在一起纪念碑 2010 年（图片来源同上）

图 7-17　无名战士纪念碑，1995 年（图片来源同上）

图 7-18　国际主义战士纪念碑，2004 年（图片来源同上）

图 7-19　俄罗斯保卫者纪念碑，1995 年（图片来源同上）

图 8-1 索洛维茨基石，1990 年（图片由作者拍摄）

图 8-2　酸黄瓜纪念碑,2007 年(图片来自网络）

图 8-4 《俄罗斯海军 300 周年》彼得大帝纪念碑　采利捷利（图片来自网络）

图 8-5　卢日科夫雕像（图片由作者拍摄）

图 8-6　肖霍洛夫纪念碑，卢卡维什尼科夫，2007 年（图片由作者拍摄）

图 8-7　同上（图片来源同上）

图 8-8　陀思妥耶夫斯基纪念碑，卢卡维什尼科夫（图片来源同上）

图 8-9　亚历山大二世纪念碑，卢卡维什尼科夫，2005 年（图片来源同上）

图 8-10　陀思妥耶夫斯基纪念碑，巴兰诺夫，2004 年（图片来自艺术家画册）

图 8-11　彼得大帝纪念碑，巴兰诺夫，1997 年（图片来自艺术家画册）

图 8-12　图兰朵公主，布尔干诺夫，1997 年（图片由作者拍摄）

图 8-13　普希金与康恰洛娃，布尔干诺夫，1999 年（图片由作者拍摄）